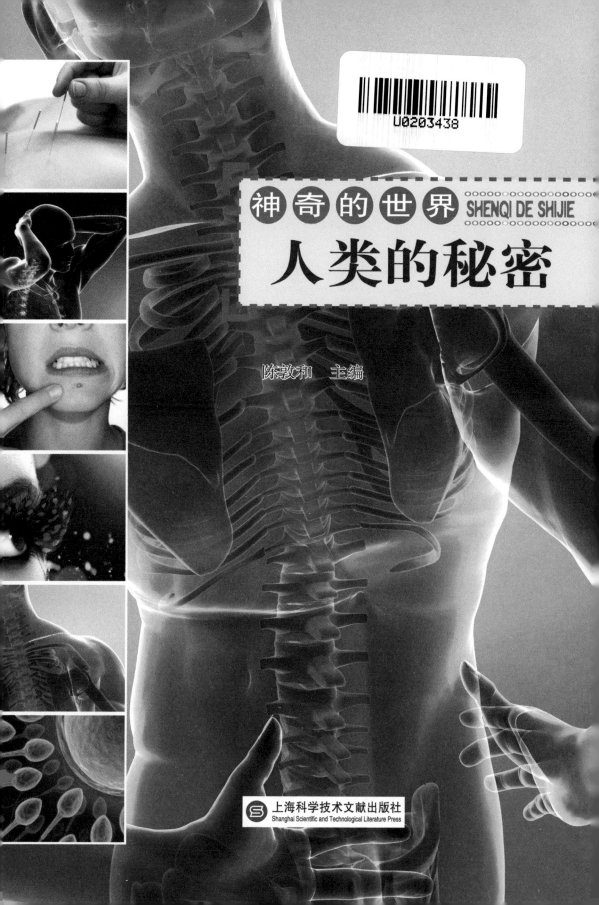

U0203438

神奇的世界 SHENQI DE SHIJIE
人类的秘密

陈敦和　主编

上海科学技术文献出版社
Shanghai Scientific and Technological Literature Press

图书在版编目(CIP)数据

人类的秘密／陈敦和主编. —上海:上海科学技
术文献出版社,2019
(神奇的世界)
ISBN 978 - 7 - 5439 - 7891 - 1

Ⅰ. 人… Ⅱ.①陈… Ⅲ.①人类学—普及读物
Ⅳ.①Q98 - 49

中国版本图书馆 CIP 数据核字(2019)第 081256 号

组稿编辑:张 树
责任编辑:王 珺

人类的秘密

陈敦和 主编

*

上海科学技术文献出版社出版发行
(上海市长乐路 746 号 邮政编码 200040)
全 国 新 华 书 店 经 销
四川省南方印务有限公司印刷

*

开本 700×1000 1/16 印张 10 字数 200 000
2019 年 8 月第 1 版 2021 年 6 月第 2 次印刷
ISBN 978 - 7 - 5439 - 7891 - 1
定价:39.80 元
http://www.sstlp.com

生命对于人类而言，不是简单的生存过程，而是创造和发展的过程。人类是一个极富创造性的群体，他们的出现，使整个地球改变了面貌。人类的好奇心与探索精神推动着社会不断发展与科学技术不断进步，而人体本身的形态结构、机能与生命活动，如生长、发育、生殖、健康、疾病、信息的感知与处理等，对人们而言都充满着趣味性和神秘感。人们对事物总是充满了好奇心，尤其是青少年，富有强烈的求知欲望。他们不仅对历史积淀的文化知识和日益发展的科学知识感兴趣，愿意学习，而且对许多人体本身的奥秘更加关注，更感兴趣。

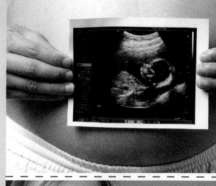

　　我们最熟悉的莫过于自己的身体了，可是，人体实在是一个奇妙的东西，似乎有解也解不完的谜团。当然，随着科技的不断进步，人类对自己身体的了解越来越多，也会有越来越多的发现令人大吃一惊。本书从人体的大脑、神经、皮肤、血液、五官、骨骼以及各种生理现象，如打呼噜、打喷嚏、打呵欠等方面探索人体的奥秘，同时介绍了很多有趣的人体科普知识，如"人体也能发光吗""心灵感应是如何产生的呢""父母的特征是如何遗传给我们的呢"等内容。文章语言生动流畅，相信本书会充分激发人们探索奇妙世界的兴趣和热情。

目录
Contents

隐藏在人体内的神奇秘密

人体的指挥官——大脑和神经

皮肤与毛发——保护人体的外套

Ch4 79 五官——身体健康的窗户

Ch5 105 血液与消化——开启生命的循环

Ch6 133 四肢与骨骼——人体的坚固支架

目录 Contents

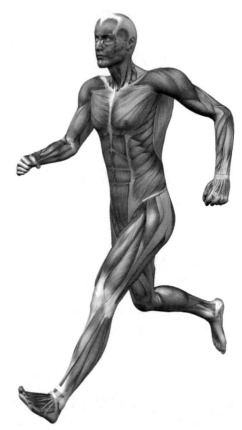

人类的秘密

第一章

隐藏在人体内的神奇秘密

　　人体就像一部高精度高性能的机器。骨骼、肌肉、内脏器官、皮肤等的有机组合，构成了人体的基本轮廓。从外观上看，人体分为头、颈、躯干和四肢四大部分。头是人体机器的电脑部分。在坚固的城堡——颅骨内居住着人体活动的最高统帅——大脑。大脑通过脊髓指挥并协调人体的各种活动。头上还有眼、鼻、耳、口等重要器官。由7块排列的颈椎骨加上周围的肌肉等构成的类似弹簧管状的颈部——脖子，是连接头和躯体的不可缺少的重要部分。正是脖子的这种特殊结构，使人体的头颅有较大的活动范围，保证大脑与躯体的正常联系和信息反馈。

心脏
——生命的主宰

心脏是人体生存的关键环节。人每时每刻，都离不开心脏的辛勤工作。一旦心脏发生病变，停止了工作，血液就会停止流动，细胞的新陈代谢就不能维持，人就会迅速死亡。有时，这种情况只发生在几秒钟内。

◆ 辛苦又勤劳的心脏

人的心脏一缩一舒，按一定规律有节奏地跳动着，将心脏内的血液射到动脉中。正常成年人在平静状态下，心脏每分钟平均跳动75次。心脏每跳动1次大约射出70毫升血液到大动脉。按此计算，成年人每昼夜心脏就要跳动10万多次，全心射出血液15000千多升。如果强体力劳动或情绪激动时，心跳可加快到每分钟180～200次。由此可见，心脏是多么的辛苦和勤劳。

◆ 年龄越小，心跳越快

儿童的新陈代谢旺盛，而心脏发育又不够完善，收缩力较弱，跳动1次射出的血液就少些，所以要靠加快心跳次数才能适应身体代谢的需要。因此，年龄越小，心跳越快。训练有素的运动员，心跳较慢，大约每分钟50～60次。因为他们心肌收缩更有力，以较少的心跳次数就能满足身体的需要，提高了心脏的贮备能力。

◆ 心脏一直跳会累吗

心脏大概是人体唯一不偷懒的器官，就连懒汉的心脏也不例外。人还在母亲肚子里，准确地说是母体怀孕第18天时，心脏便开始有规律地跳动起来。只要还健康，它就能轻松地完成它的任务。一个正常的成年人安静时每分钟心跳60～100次。如果一个人寿命为100年，那么他的心脏要跳动大约50亿次。

心脏为什么能以这样高的效率，勤勤恳恳地工作呢？它不知疲倦吗？

人的心动周期是这样进行的：心房收缩，心室就休息。然后心室收缩，心房就休息。它们就这样轮班休息。一天24小时，心房共工作不到4小时，休息约20小时，心室工作不到11小时，休息约13小时。经常体育锻炼，可以增进心脏健康，改善心脏的工作，延长心脏休息期，心脏不容易疲劳。

它只工作不休息吗？其实，心脏并不是只工作不休息。在它的每一次跳动中，收缩是工作，舒张才是休息。心脏每搏动一次约需0.8秒，其中收缩只占0.3秒，舒张占0.5秒。看来心脏是很懂得劳逸结合的，正因如此，它才能辛勤工作几十年，甚至上百年不停息。

为什么每个人心跳的快慢不一

一个训练有素的运动员，每分钟心跳只有五六十次，比普通人慢10到20次，这正好说明他们的心脏收缩更为完全。在同等的时间里，收缩较少的次数便能满足机体的需要。经科学测定，常参加体育锻炼的人与不锻炼的人比，心脏每跳动一次输出血量要多。输出血量多，心脏功能强。心跳次数较少，老化的进程也慢，最终就表现为寿命的延长。

当然，一个人的心脏跳动速度在一天24小时之内都可能不同，有时慢些，有时快些。如吸气时比呼气时慢，卧倒比坐着慢，比站着更慢，运动比静时快，情绪活动比心平气和时快。同时，心跳和年龄性别也有关系。男子一般比女子心跳慢，老年人比壮年人慢，壮年人又比儿童慢。

神奇牙线与你的心脏

牙线和心脏，看上去风马牛不相及，事实并非如此。据英国《每日邮报》报道，牙病对心脏的危害一点也不亚于高血脂。使用牙线可以预防口腔疾病，大大减少心脏病和中风的危险。为此，美国抗衰老医学专家迈克尔·罗伊森更指出，坚持每天使用牙线，能让你多活6.4年。医学发现，经常患牙髓炎、牙周炎的人，心脏病的发病率也会增加。这是因为牙髓和牙周组织的感染可以导致细菌毒素进入血液循环系统，最终使心脏受"牵连"。

↑ 跳动的心脏

开怀大笑
——保护心脏的良药

缺乏幽默感不仅仅对你的生活有害，同时也危害着你的心血管健康。一项新的研究表明，笑实际上是增加了身体中的血液流量，有句话叫："笑一笑，十年少。"

有20个健康男人和女人观看15到30分钟的喜剧电影片断以及一部紧张的电影开场部分后，马里兰大学心血管专家测试了他们体内的血液流量。在每次观察前和观察结束后一分钟，研究者都测量了血液流量，以便了解笑是否能促进动脉血管的反应。

◆◆ 生活不要背负太多压力

无忧无虑的心情促进了血液流动，它和低强度的锻炼或者降低胆固醇的药作用类似。另外一方面，刺激性的压力减少流量比率，和令人生气的记忆或费心的考虑差不多。在日常生活中，频繁的笑会减轻我们面对的过多压力，那些患有心血管病、抑郁症的人，更应该学会放松一点。

◆◆ 开怀大笑减轻你的疼痛感

在需要忍耐疼痛时，不妨找些朋友一起开怀大笑。英国的一项新研究显示，大笑能提高人忍受疼痛的极限值，有助于缓解痛感。英国牛津大学等机构的研究人员在英国新一期《皇家学会学报》上报告说，他们请一些志愿者看电视节目，并在此前后测量这些人忍耐疼痛的极限值，如双手忍受冰冻的能力，或使用压力型血压计测量胳膊忍受压力的能力。结果显示，集体看15分钟的喜剧可以将忍耐疼痛的极限值平均增加幅度约10%，而那些观看高尔夫球赛等普通节目的志愿者则没有出现这种现象。

研究人员在爱丁堡艺术节中测试一些观众的耐痛极限

拓展阅读

心脏的作用是推动血液流动，向器官、组织提供充足的血流量，以供应氧和各种营养物质，并带走代谢的终产物（如二氧化碳、尿素和尿酸等），使细胞维持正常的代谢和功能。成年人的心脏重约300克，它的作用是巨大的，例如一个人在安静状态下，心脏每分钟约跳70次，每次泵血70毫升，则每分钟约泵5升血。如此推算，一个人的心脏一生泵血所做的功，大约相当于将3万千克重的物体向上举到喜马拉雅山顶峰所做的功。

值，结果发现那些刚看完现场喜剧者的耐痛极限值有所提高，而观看其他普通表演的观众则没有这种反应。

◆◆ 一定要开怀大笑

开怀大笑会导致人体释放一种名为脑内啡的物质，它具有镇痛效果。不过只有开怀大笑，特别是与朋友一起开怀大笑才会导致人体释放脑内啡，那种浅浅的礼节性微笑或者一般的哈哈笑都没有这种效果。

↓开怀大笑让身体更健康

你不知道的心脏
——神奇力量

几个世纪以前，曾经有一个极受崇敬的、闻名于世的内科医生，在解剖一具女尸时，发现她的心脏还在轻微地跳动。最后他遭到了指控，因为所有的人都认为那妇女还是活的。其实，这位医生实在是冤枉的，那位妇女确实死了。可她的心脏为什么还会跳动？

心脏也能独立工作吗

一个人的心脏大致和自己的拳头一样大，外形像梨。它是能够独立自主工作的。在成熟的动物体内，心脏跳动虽然基本上受脑控制，可还是能摆脱脑发出的命令，独立建起自己的节律，顽强地工作！

心脏主要是由肌肉构成的。每根肌肉纤维都能各自独立地收缩。心脏内部有指挥部，每根肌肉纤维就在指挥部发号施令下统一工作，心脏收缩就引起心脏跳动。一旦死神降临，心脏就停止跳动，但事情也并不总是这

样的，比如那位已死的妇女。

心脏创造的奇迹

英国有一位52岁的心脏病患者，叫斯卡特。1981年5月初，他因心脏病发作，住进了伦敦的哈尔费耳德医院。为了挽救他的生命，医生为他移植了一颗13岁小姑娘的心脏，使两颗心脏同步跳动。少女的心脏协助主心脏工作，分担病状心脏的负担。但不久，斯卡特的心脏再次发病，单独靠少女的心脏无法维持生命，于是医生又为他移植一颗24岁青年妇女的心脏。令人欣慰的是，手术结果令人满意，使斯卡特成为世界上第一个具有三颗心脏的人。三颗心脏很正常地同步跳动，创造了人类移植心脏的奇迹。

拓/展/阅/读

人体的思维和智慧究竟是由什么部位掌管的呢？这一问题长期以来得不到正确的答案。有趣的是，

↑心脏还藏有很多奥秘

焉""心旷神怡",而置脑袋于无用的地位,如"呆头呆脑""没头没脑""头脑简单"等。

一直到了现代,经科学家们研究,才知道人的思维其实与心脏根本不搭边,而完全是头脑的功劳。一个表面积为5平方米,重约1.4千克的人脑,其信息总容量相当于7.7亿册图书!人们发现,人体中的条条神经都通向大脑,并通过大脑这一中枢指挥机关主宰人的一切活动。

所以,当你说出"用心想一想""摸着良心说话"的时候,其实就是在指你的大脑。

我国古代人偏爱心脏,认为"心之官则思",因此,凡是与思想有关的字都带有"心"字偏旁。如"悲""恐""思""怒""想""情""怨"等。甚至一直到了清代,学者戴震还认为,人之所以能思维,那是心的本领。而一些成语也偏爱心脏,如"心想事成""心灵手巧""心不在

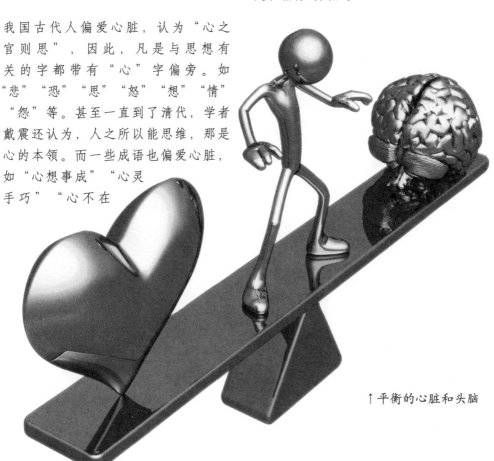

↑平衡的心脏和头脑

骨骼肌和内脏
——人体体温"调节器"

人体内产热的部位主要在骨骼肌及内脏。当人在剧烈运动时，主要是骨骼肌产热，而在安静时，则以内脏产热为主。

为什么人的体温比较恒定

人类是一种恒温动物，无论是冰天雪地的严冬或是骄阳似火的酷暑，我们的体温总是保持在37℃左右。如果不是这样，我们体内的新陈代谢便会无法正常进行，就会生病，甚至会丧失生命。这是因我们体内有一整套调整体温的系统和器官，就如同在我们自身安装的整套空调，不妨称之为"体温调节器"。

人体产热的部位和量并不均衡，外界气温也不稳定，为何我们的体温能比较恒定呢？这是因为我们的机体有一套专门调节体温的神经中枢——下丘脑。下丘脑可调节人体的体温，使之始终比较稳定，以保证机体正常

的生命活动。

有限度的体温调节

人体各部的温度有所不同，一般体表暴露部位的温度易受外界气温的影响，机体的深部温度比较稳定，所以生理上的体温指的是人体内部或深部的温度。尽管机体有较好的体温调节功能，但这种调节也是有限度的。如果周围环境温度过高或处在高温环境中的时间长，人体内的热量不能及时散出，也会出现中暑；如果长时间处在低温环境中，也会因为皮肤的血管收缩时间过长，血液循环太慢，以至于使皮肤冻伤。

人体各处的温度

测量体温要用体温计，测量的部位有直肠、腋窝和口腔三处。直肠温度平均为37.5℃，比较接近于深部的血温。由于测试不便，通常只用于婴幼儿。最常用的还是口腔（舌下）和腋窝温度，口腔温度平均为37.2℃，腋窝

温度平均为36.7℃。在正常情况下，人的体温随昼夜、性别、年龄、肌肉活动及精神因素的不同而有所改变。昼夜变化，一般在2～6时最低，14～20时最高，变化范围不超过1℃。据研究，这种昼夜变化与人体的生物钟有关系。所以长期夜间工作的人，这种昼夜变化也随之改变。女性平均体温一般高于男性0.3℃。女性的体温还随月经周期而规律波动。在经期及排卵前期体温较低，排卵时体温最低，排卵后体温又回升，受孕后的体温也较平时高。幼儿体温略高于成人，老年人体温又有下降趋势。肌肉活动、劳动或运动及精神因素也会影响体温。

↓女性的体温一般要高于男性

拓展阅读

　　大脑是体温调节器的管理司令部门。冷了，大脑便下令皮肤绷紧，毛孔拉直，血管收缩，使全身起满"鸡皮疙瘩"，目的在于使皮肤的散热面积减少，使温热的血液尽可能集中去保障供应心脏，少流些到皮肤表面来，与此同时，心脏加快跳动，以使体内的能源，即糖加紧放热，以补充失去的热量。这也是冬天或寒冷地带人们胃口好，能源消耗较多的重要原因。假如身体继续冷下去，我们人体最明显的防冷方法就是让肌肉运动，如全身发抖、牙齿打架，这样可使身体的热量较平时增加4倍。反之，如果外界气温高，就让全身血管扩张，使汗腺全部开放，进而使皮肤流出汗液来。在火热的夏天，人体内90%的热量是被汗珠一点一滴带走的。

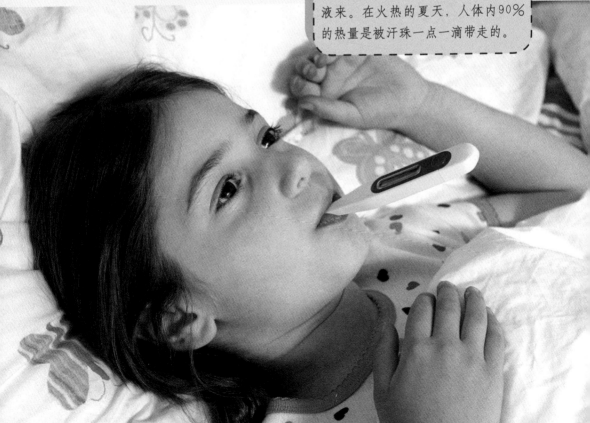

人体
——巨大的能量宝库

只要你处于运动当中，无论是散步还是慢跑，电流都会源源不断地产生。据美国物理学家组织网报道，美国威斯康星大学麦迪逊分校的研究人员已设计出了一种能够将人体运动转化为电力的发电装置。有了这种发电装置后，手机等移动电子设备因电池耗尽而自动关机的情况或将不再发生。

❖ 能量发源地——人体

负责该项研究的汤姆和泰勒介绍，人体可以说是一个非常丰富的能量宝库。一个人走一步就能产生6瓦到8瓦的电能，而如果是短跑冲刺的话，产生的能量则大约相当于1千瓦的电力。此外人体的体温、呼吸、心跳、脉搏甚至血液流动都能够被转化为电能。只要将其中一小部分高效利用就足以

满足诸如手机、平板电脑等便携电子设备的用电需求。但现在我们缺的是能将其转化为电能的技术。目前使用较多的能量捕获技术，大都用在如风力或太阳能发电这样的大功率发电装置或如计算器、手表、传感器这样的小型装置上，而处于两者中间的、满足便携式电子设备用电需求的能量捕获装置却几乎是一片空白。虽然太阳能光电转化技术在便携设备中被广泛采用，但直接的阳光照射产生的电能并不如人体运动那样易得、方便，因

↓运动时人体也会产生能量

人类的秘密

此，这项能将人体机械能转化为电能的技术将是一项极有意义的尝试。

将来你可以"走路生电"

一项最新的研究描述了一种新型的微流体发电技术。该装置由成千上万个微小液滴和一种新型的纳米衬底组成，当人体运动等机械能使液滴形状发生改变后，在这种特制的纳米衬底表面就能形成一定的电流。据研究人员称，如果将该装置嵌入鞋中，就能把行走时产生的机械能转化为20瓦的电力，这已足够为移动电子设备供电。不同于传统电池，这种能源捕获装置完全不需要充电，只要你运动，它就能产生新的能源。威斯康星大学研究小组还建议给这种发电鞋子配备无线传输和充电装置，以便让该发电装置的使用更为灵活。如果该技术成功获得应用，将有望大幅降低我们对电池的依赖，手机等移动电子设备因电池耗尽而自动关机的情况或将成为历史。

↓未来人体的能量也许可以转换为绿色电池

拓展阅读

汤姆和泰勒说，他们是在看到移动设备的电池在工作中的严重局限性后，才萌生研发这种技术的想法。相信绝大多数手机和笔记本电脑用户都遇到过因电池电量耗尽而自动关机、无法使用的窘境。在很大程度上，移动电子设备对电池的依赖大大限制了其使用效率和用户体验。更重要的是，如果这些便携式设备被带到用电不便的偏远地区，充电也会变成一件让人头痛的事情。

类似的问题在部队和执法人员当中更为突出。例如对装备大量电子设备的现代单兵而言，为了给笔记本电脑、通讯设备和夜视仪等设备供电，他们所携带的电池的重量就将近10千克。这不仅占用了宝贵的空间，也为运输和行军带来了不便。在新技术的帮助下，这一状况将有望获得彻底改变。新型发电装置不但会使移动电子设备获得更长的使用时间，还将使它们在外形上更为轻薄，使用上更为方便。

淋巴结
——人体的"警报器"

在日常生活中，人们借用警报装置来及时发现各种异常情况。同样，人体内也有许多对某些疾病特别敏感、并发出各种"警报信号"的"装置"，淋巴结就是其中的一种。

淋巴结的特殊意义

淋巴结是淋巴管上无数大小不一的形如蚕豆的肌体，在我们的颈部、腋窝、腹股沟（指大腿）等处，淋巴结最多，并集结成群。由于许多淋巴结位于人体的浅层，它的异常能轻易被人们发现，所以它对某些疾病的诊断有特殊重要的意义。

为什么淋巴结能发出"警报"呢

淋巴结的功能主要是通过淋巴管收集人体各部的淋巴回流，过滤淋巴液，消灭细菌，清除细胞残屑和其他异物；另外，淋巴系统还常成为癌转移的通路。当细菌、异物或癌细胞通过淋巴结时，淋巴结内的细胞就同它们"作战"。在作战过程中，淋巴结发生的变化，就构成了"报警信号"。

淋巴结是怎样向人体传达警报的

正常人体浅层的淋巴结像米粒一样大小，一般我们不会触及到它们。它们质地较软，光滑且可移动。如果淋巴结出现肿大、疼痛、压痛、质地变硬或变软，与周围组织粘连，也不再像以前那样光滑，有破溃或触及到波动等，那么这些就都是"淋巴结警报"。

不同部位的不同含义

不同部位、不同性质的淋巴结异常有不同的意义。肿大是淋巴结异常中最常见的现象。颌下淋巴结肿大多可推断出口腔、面颊、咽峡扁桃体炎症或白喉、猩红热及淋巴结自身病变等。耳前淋巴结肿大，常是眼睑、颊、耳颞部发炎引起的；枕部淋巴结肿大，常常是因为头皮有了炎症；左侧锁骨上淋巴结肿大，多见于胃癌、肝癌、胰头癌、胰体癌、结肠或直肠癌；右侧锁骨上淋巴结肿大，多见于支气管肺癌、食道癌；腋下淋巴结肿大，常见原因为乳房、上肢等部位发炎。

所以，一旦淋巴结发出"警报"，我们就应当对某个部位高度警惕了。

拓/展/阅/读

一个人的身体是否健康，很大程度上取决于人体内部免疫系统的功能是否正常，正如一个国家的安全要靠军队和警察来维持一样。人体的免疫部队不断抵御外来病毒、病菌和各种有害物的入侵，并消除体内病变、衰老和死亡的细胞，使人体平安无恙。人体的免疫系统主要包括淋巴器官和免疫活性细胞。诸如骨髓、胸腺、脾、淋巴结、扁桃体等都是重要的免疫器官组织，免疫活性细胞是指淋巴细胞等。

细胞免疫和体液免疫细胞免疫是依靠胸腺释放一种"长寿"的小淋巴细胞，叫做"T细胞"。它可以直接攻击并消灭入侵的病菌、病毒等，也可以促使巨噬细胞去吞噬这些病原体；它还能阻碍肿瘤细胞的生长。

人体布满了安全"警报器"→

经络
——人体最神奇的系统

生命到底是怎样的一种组成？只是我们现在看到的血肉之躯吗？如果只是这样的话，那么，人体内的经络系统又是怎么回事？对这个问题，目前的科学尚未解释清楚。

道家学说与人体经络

老子是道家的创始人，道家及中医理论对人体经络都有详细的论述，认为经络体系是人体的重要组成部分，它主要是由十二正经、奇经八脉（其中最主要的是任督二脉）以及众多细小的脉络组成。经络的作用是"决死生、处百病，不可不通"。

古人如何了解经络

经络体系曾经被国内外科学界全盘否定，一度被当作谬论大加批判。因为无论怎样解剖人体，无论从放大镜下还是显微镜下都无法找到它的影子。后来，国外科学家把微量的放射性元素注入中医理论所指示的穴位中，并通过追踪放射性元素的移动，从而证实了经络体系的存在，所得到的人体经络图与古人讲的人体经络体系竟惊人地相吻合。

中医针灸、推拿按摩等多个传统医疗领域也证明了这一理论体系的正确性。 特别是经络循环一周的时

↓每个人体内都有一条神秘的经络

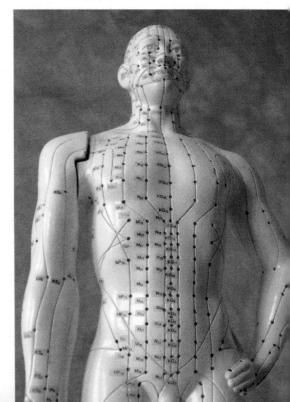

间，与古人所讲的经络循环时间完全一致，这一点也被同样的科学实验所证实。我们不禁要问，对现代人来说根本就看不见摸不着的经络，古人又是如何认识及精确把握经络体系及其循环时间的？这个经络系统到底以何种形式在人体中起着作用？古人所说的经络中流动的"经脉之气"究竟是什么？经络又何以会"决死生、处百病"？其内层机理何在？除了经络系统以外人体还有没有其他看不见的组成部分？

拓/展/阅/读

古人有"辟谷食气"的说法，道家修炼中也提到过"辟谷食气"的高级修

↓通过刺激经络改善人体体质

炼状态，所谓"辟谷"就是不吃饭，只"食气"，通过摄取"气"能量而获得生存的一种方式。古人所讲的"气"是一种看不见的无形物质能量。

"辟谷"又有半辟谷和全辟谷之分。半辟谷可以吃些少量的水果等物，而全辟谷则不吃任何东西。辟谷还分为短期辟谷及长期辟谷。短期辟谷通常是为了对疾病或自身某种状态做一个调整，这种辟谷一般在几十天以内，通常情况是体重下降。而长期辟谷则是长期不进食，但身体健壮，体力充沛，并且体重稳定。其能量供给全部由无形的"气"能量来运转完成，它是生命形式的一种高级生存状态。

肚脐
——人体的一块"疤"

当我们还在妈妈肚子里的时候，是靠脐带那根"管子"来吃饭、喘气的，然后我们出生了，给饭吃的"管子"被剪断了，但你不会感觉到疼，因为脐带上没有痛感神经。几天之后，剩下的那截会自动脱落，从此在身上永远留下一个小小的肚脐眼。身体上被剪了一刀，没有留块疤，反而留下个肚脐眼。医生解释说，肚脐是一种结缔组织，结构类似于疤痕。并且肚脐本身并不生长，但周围的脂肪却越来越多，肚脐自然就凹进去了。所以，胖子的肚脐基本是凹的，瘦子的肚脐往往是平的。

挖肚脐眼会挖到肠子吗

挖肚脐眼会挖到肠子吗？当然不会。肚脐眼里面是腹腔，如果你把它挖开，就到达腹腔了。因为肚脐眼很薄，所以那里是离腹腔最近的地方。腹腔里装着肠子，这个倒是没错的。

没有淋巴组织的肚脐

肚脐没有淋巴组织，所以一旦感染了，病菌会顺着肝圆韧带一路到达肝脏，从而引发内脏感染。尤其是婴幼儿，肝圆韧带原本作为供血血管的功能还没有完全结束，依然残留着部分血液循环，感染顺着血液循环会跑得更快。所以，没事儿不可以乱抠肚脐。

↓胎儿靠肚脐来吃饭和呼吸

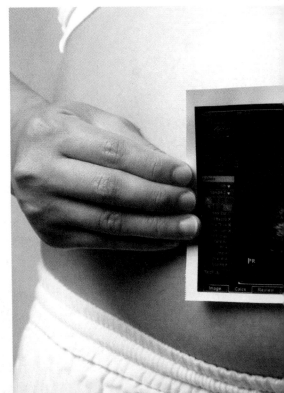

↑爱护肚脐，不要乱抠乱动它

如果肚脐周围痛

　　能引起肚脐眼周围痛的原因还真不少，如阑尾炎、结肠炎、蛔虫症、肠痉挛等，最好的办法就是平时养成良好的生活习惯。饮食上应避免食用产气的食物如乳制品、大豆等。

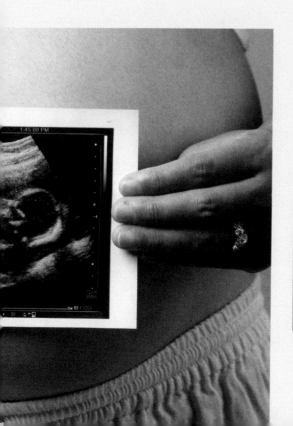

拓展阅读

　　美国杜克大学教授安德烈·贝佳恩表示，肚脐是身体的重心，拿两名高度相同的运动员为例：如果肚脐靠上，表示重心靠上，这样跑动起来就会更快。如果肚脐靠下，躯干就会更发达，所以非常适合游泳。或许美国人未来会看肚脐选运动员也说不定。

打鼾就是睡得很香吗

在一般人看来，打鼾似乎是肥胖者的专利，有时候大家甚至还认为，打鼾是因为睡得比较香。近日有研究表明，打鼾其实和脸形有很大关系，即使是一个体形消瘦的人，如果下巴比较短小，睡觉时也会打鼾。

❖ 只有肥胖的人才打鼾吗

日本科学家近日在一项研究中发现，打鼾可能与人的脸形有关，研究人员将患有睡眠呼吸暂停综合征、经常打鼾的71名日本人及18名加拿大人与12名健康日本人的脸形进行比较，结果发现患有睡眠呼吸暂停综合征、经常打鼾的人与健康人相比，眉毛到嘴之间的距离更长，下巴也相对较小。这是为什么呢？难道并不是只有肥胖的人才容易打鼾吗？

为什么下巴短小的人容易打鼾

口腔内软组织的变化能够调节上呼吸道的宽度，因为软组织很柔软，所以容易变形出现各种问题。如果一个人的下巴比较短小，软组织就可能被迫往上挤压，造成上呼吸道狭窄，这时就会出现打鼾现象。还有的人脖子很粗、很短，这样的人睡觉时往往也容易打鼾，因为颈部比较粗短的人，颈部脂肪沉积较多，这样也会向上挤压软组织，使上呼吸道变得狭窄，严重时甚至会使上呼吸道关闭，出现呼吸暂停。

❖ 什么脸形的人更容易打鼾

一般圆脸的人，下巴会比较短小，睡觉打鼾的现象比较多。而且因为脸形是可以遗传的，所以打鼾一般是家族性的。同时体重对打鼾也是有影响的，如果单从脸形来看，下巴较短小，又是肥胖的人，那打鼾就更厉害了。在肥胖人群中出现睡眠呼吸暂停综合征的人，比例在50%以上。

打鼾并不代表睡得香

听到有人打鼾，你可能会说，看他睡得多香！其实这是错误的观念，打鼾的人睡眠质量恰恰是最差的。他们的睡觉时间虽然长，但是浅睡眠多，深睡眠很少，白天一样没有精神。

在习惯性打鼾，即每个星期出现五次打鼾现象的人群中，每五人就有一个患有睡眠呼吸暂停综合征，这就需要及时治疗了。睡眠呼吸暂停综合征的本质是呼吸停止，由此可能造成全身上下各个部位的功能障碍。最明显的就是头痛、头晕，白天嗜睡、精神疲惫、记忆力减退；有的出现反酸、胃灼热、咽炎等消化道障碍；有的因为缺氧造成内分泌障碍，导致糖尿病、肥胖等症状；有的还会导致心肌梗死、脑栓塞、脑出血等。由于较长时间的呼吸暂停，引起脑部缺氧，甚至于出现昏迷、抽搐以致猝死。

拓展阅读

有的人只是上呼吸道偶尔出现狭窄，就会造成偶尔打鼾，比如劳累或者喝酒以后睡觉，或者是睡觉的姿势不正确，喜欢平躺等。如果每天晚上睡觉都会打鼾，就称为习惯性鼾症。患有习惯性鼾症的病人，上呼吸道比普通人狭窄，如果上呼吸道进一步狭窄，就会造成上呼吸道关闭，这时就会出现呼吸停止，患上睡眠呼吸暂停综合征。睡眠呼吸暂停综合征是一种具有潜在危险性的疾病，是指每晚7小时睡眠中，呼吸暂停反复发作30次以上或睡眠呼吸紊乱指数超过5次/小时以上。

↓打鼾可能与人的脸形有关

神奇的"心灵感应"

"心灵感应"是一种人体本来就有的能力，这种能力能将某些讯息通过普通感官之外的途径传到另一人的心中，又称心电感应。由于此现象的各种解释都无法与现今科学衔接，"心灵感应"目前属于玄学，属于"超心理学"的领域，所以关于"心灵感应"的解释不能称之为理论。

被激发的潜能

心灵感应只在互相了解很深的人之间发生，并决定于人的感情和社会联系。心灵感应是不用五官感觉来进行交流的一种本能。在紧急关头或是需要的时候，我们常常都能激发出这种潜能。当我们凭直觉知道某些事情正在发生或即将发生时，我们的本能就已发生作用了。当我们感觉某个朋友在想我们的时候，就会给他打电话。当我们感觉有人在看我们的时候，就会回过头去，那人果然在看着我们。这不是偶然，也不是

异常现象。

从生物学角度来解释心灵感应

在意识形态研究上独树一帜、颇受争议的英国生物化学家鲁珀特·谢尔德雷克20年来一直在进行科学实验，以证明人类思想能力的强大远远超过人们所想象。心灵感应和预感等现象可以从生物角度得到解释，它们是正常的动物行为，经过了数百万年的演变，是为适应生存的需要而形成的。他说："我们从祖先那里继承了这些技巧，对这些技巧的研究可以帮助我们理解动物、人类，尤其是思想的本质。"

是什么促使生物界的革命者作出上述结论呢？谢尔德雷克认为，思想不是头脑的同义词，它不是关闭在脑子里的，而是"延伸到我们周围的世界，与我们所看到的一切相连接"。

心灵感应与潜在记忆

一个广泛适用于其他人的好主

↑ "心灵感应" 通过人的脑电波传出去

意，会被模仿、传播，变得很普遍。思想观念越常见，成为潜意识的可能性就越大。最终总体标准自然而然就形成了。例如一只从来没见过羊的牧羊犬，即使之前没有受过训练，通常也会自觉地将羊群集中起来。有许多影响我们所有人的无意识习惯都是通过集体记忆形成的。

拓/展/阅/读

曾几何时，人们一直把直觉，也就是所谓"第六感"带来的成功视为"侥幸"，但是人们也许不知道：直觉也许反映了可靠记忆。

那双胞胎间的心灵感应从哪里来的呢？如果是异卵双胞胎的话，是基本上没有所谓的心灵感应的。但是，如果是同卵双胞胎的话，百分之四十左右都会出现大家常说的心灵感应。这意味着，如果让双胞胎背对而站，其中一个看到一幅画或者思考一个复杂的问题，那么，繁杂的信息传导方式会将这些大脑的思维转化为辐射波或者是波动磁场，在空间进行传播，而此时另一个双胞胎在接收到相应的信息之后会以为是自我在思考。事实上这是拥有相同的物理与生理特性的信息流在干扰他的大脑。这就是为什么基因相同的同卵双胞胎会拥有更多的心灵感应的可能性。

↓ 无法理解的 "心灵感应"

人体也能"发光"吗

科学家研究发现，人体可以发出一种微弱的可见光，光的强度在一天内起伏波动。科学家说人体发出的光是肉眼能看到的光强度的1/1000，而几乎所有生物都会发出非常微弱的光，这种光被认为是自由基参与生物化学反应的结果。

人体的光与生物钟有关

日本科学家使用了能检测到单光子的超敏摄像机，他们连续3天安排5名20多岁的健康男性，每天从上午10点到晚上10点，每隔3小时上身赤裸站在摄像机前20分钟，房间不透光，一片漆黑。研究人员发现，身体发光强度在一天内起起伏伏，发光最弱的时候是上午10点，发光最强的时候是下午4点，之后逐渐变弱。这说明，发光和人体的生物钟有关，最可能与人体代谢节律在一天中的波动状况有关。

面部比身体其他部位发出的光

更多。这可能是因为面部比身体的其他部位接受了更多的阳光照射，皮肤中的黑色素有荧光成分，这可能会增加光的"产量"。日本京都大学生理节奏生物学家冈村仁表示，新发现将有助于发现一些医学问题。日本仙台东北工业大学生物医学专家小林正树说："如果能看到身体表面发出的光，就能看到身体的整体状况。"

人体之光随着生命消逝而熄灭

20世纪40年代，苏联科学家基利安夫妇在一次电学实验中，出乎意料地发现了一个十分奇特的现象：在置于高频电场中的生物体周围，会闪动色彩绚丽的光环和光点，而当生物体死亡后，这种光环和光点也随着消失。

人体之光有不同颜色

他们夫妇用这种方法对人体进行了专门研究，惊奇地发现人体的各部位发出的光有不同的颜色：手臂是蓝色的，心脏是深蓝的，而臀部是深绿色的。更有趣的是，人体某些部位发出的光非常强，恰好与古代中国人发现的700多个穴位相对应。在拍摄饮用烈性酒人的手指时，他们发现，随着不断饮酒，饮酒人的手周围的光晕会变得越来越亮，颜色逐渐接近玫瑰色。而当饮酒人喝醉时，手指头所发的光就会变得模糊，并失去正常色彩。

知/识/链/接

神秘的人体发光之谜吸引了众多的科学家，但始终没有得出令人满意的解释。有人认为在人体周围存在能量环，发光现象反映了能量的分布状况；也有人认为，人体发光现象与带电微粒子的运动有关；还有人认为人体发光现象是一种生命力的象征，也许涉及某种人类尚不知道的能量和未知的辐射。令人惊奇的是，这种发光现象不光是人体有，动物、植物，一切生物都存在这种现象。由于生物发光现象如此神奇，以致有人甚至抛开科学，企图从宗教迷信中寻找答案，这当然是没有出路的。科学家们深信，随着现代科学的发展，实验手段的完善，不久的将来一定会揭开人体发光之谜，使它造福于人类。

↓人体自身也许还拥有光能量

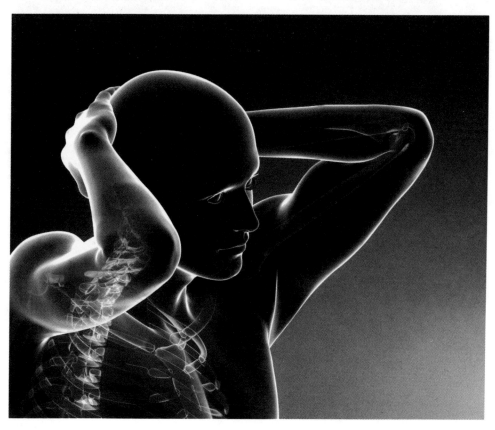

人类的秘密

神奇的世界

第二章

人体的指挥官——大脑和神经

你知道吗？脑的重量约为体重的2％；脑消耗人体总热量的20％；大脑的表面积为2200平方厘米；大脑的神经细胞有140亿个；脑的神经细胞网络为140亿×1万；小脑的神经细胞高达1000亿个以上；脑的时钟是"一天25小时"；脑内含有20种以上的"毒品"；右脑与左脑有2亿条神经纤维互连接，脑可瞬间记忆的东西有7个；睡眠节奏为90分钟一个循环。

大脑是怎样
"分工合作"的

一个健康的人，不仅要有一副强健的身躯，关键还要有发育良好的大脑，它是支配人的一切活动的最高统帅。

你的大脑逻辑决定判断力

为什么"右撇子"的"语言""理性逻辑"等功能在"左脑"，"空间""音乐"等在"右脑"？而"左撇子"却几乎相反呢？

我们每做一件事情都是有"逻辑"的，对各种事情所要求的"反应速度"也不一样，逻辑可以分为反应速度慢的"理性逻辑"和反应速度快的"感性逻辑"。这也就是我们通常所说的"判断力"。这些判断力会各成系统，比如我们会想"他打我，是因为他不喜欢我""他打我，那么我就躲避他""他打我，我不喜欢他这样，所以我不会理他了"等等判断。而进一步的判断力还包括"他为什么恨我，这些原因具体是什么""为什

么，他打我，我就要跑""为什么我不喜欢他那样"等需要长时间观察和思考的逻辑。

大脑的"左右合作"

每个"逻辑点"对应一些"脑细胞"，"理性逻辑"与"感性逻辑"各成系统，它们所对应的"神经细胞"也是各成系统的。于是我们发现了"理性逻辑"的系统相对于"右撇子"是在"左脑"，"感性逻辑"就在"右脑"。

那为什么"右撇子"的"理性逻辑"系统是在"左脑"而不是在"右脑"呢？这是因为"左脑"相对应的是"右手"，而对于"右撇子"来讲，"右手"所获得的"感子"（感觉的最小微粒）就比"左手"要丰富得多了。你想想，你想要"触摸"一样东西的时候，是不是伸右手过去的？而"理性分析""理性逻辑"是要用到大量"感子"的，所以自然就找到了"感子"较多的"左脑"了。而"左撇子"当然也就刚好"相反"了。

始定型，并且终生不变。如果你临时故意改变交叉姿态，那么一定会感到很别扭。

左脑型的人属于稳定或理智类型，长于数理、逻辑推理，做事有耐心，情绪稳定，性格内向。在未来工作中可以选择心理学、金融、教师等专业；右脑型的人多属于感情类型，喜爱音乐、美术、装饰，讲究仪表，观察力强，富于想象，性格外向，情绪变化比较大。在未来工作中适于选择音乐、美术、文学、建筑等专业。

◆ 有趣的左右脑

生理学家们经过无数次观察研究发现，人的才能分为"右脑型"和"左脑型"两种。

人的大脑分为左、右两半球，这两半球的功能是不一样的。左脑是语言脑，具有语言、逻辑、写作、数字计算功能；右脑是音乐脑，具有音乐、美术、识别图像和面容、快速阅读等功能。

那么，怎么样才能知道你的才能是什么脑型呢？方法很简单，你把两手五指张开，然后使左右手五指自然交叉相握。如果你的左手的拇指在上边，就是右脑型，右拇指在上就是左脑型。不知你信不信，一个人从二三岁开始，两手手指交叉相握的姿态就开

拓展阅读

为什么手不小心碰到火会马上缩回？为什么突然受冷会起"鸡皮疙瘩"？为什么突然受惊吓时会心跳、呼吸加快，脸色发白、血压升高？这一系列问题的答案在于人体内的大脑与神经调节系统。

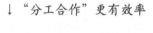

↓"分工合作"更有效率

头脑大小与环境有关吗

根据美国科学促进会网站报道，生活在不同纬度的人，脑袋大小有较大差异，而生活在地球极地附近的人脑袋最大。

光线与人的眼睛

长期以来，相比地球的赤道地区，地球极地的白天越来越短、越来越暗，因此，生活在地球最北部和最南部地区的人看上去吸收了许多猫头鹰的特质。研究人员通过对世界各地发现的19世纪以来的55个头颅进行检测和比对，发现生活在热带地区的人比生活在高纬度和低纬度地区的人，拥有更小的眼孔。因为大眼睛能够吸纳更多光线，所以靠近极地的人因为光线弱，眼睛都比较大。

研究进一步证明，较高和较低纬度的人看上去能够在光线较弱的情况下，与热带地区的人在光线强的情况下看得一样清楚。而人的大脑量则随着海拔高度的增加和减少出现几毫升的差异。研究人员认为，或许正是因为大脑的视觉中心因窥视带变宽而变大造成的结果。

人的脑容量真的减少了吗

通过科学发明创造，现代人类不仅征服了世界屋脊，还成功登上了月球，人们会觉得我们比远古人类祖先更加聪明。不过，科学家最近发现，人类早就已经过了自己的"黄金时代"。现代人类不仅在身高方面比1万年前的祖先要矮上10%，脑容量也小了一些。

据报道，科学家们对在非洲、欧洲和亚洲发现的古人类化石进行了研究，结果显示，生活在1万年前的人类祖先平均体重在80至85千克之间，而现代人类的体重则在70至80千克之间。人类进化学家拉尔博士称："早期人类在身型方面不断进化，但这一过程在1万年前突然停止，并开始走下坡路。"

现代人的大脑为何会不同于以前

科学家们认为，这与人类的饮食结构和生活习惯有关。农业的出现虽然让人类不需要通过狩猎为生，但也会让人类缺少维生素等营养物质的摄取量：比如中国早期的农民主要以荞麦为主要食物，这些粮食缺乏维生素B——人体生长所需的重要营养物质。而城市化进程也使得疾病易于传播。不过，饮食结构与生活习惯的改变并不能解释为什么我们的脑容量也小了不少：2万年前的成年男性脑容量为1500立方厘米，现在只有1350立方厘米，减少的容积相当于一个网球大小。

有趣的巨噬细胞

人们已知道，老年痴呆症与异常纤维蛋白沉积物在患者脑部堆积有关。如果能清除这些脑中的"垃圾"，就有望改善病状。德国一项新研究显示，人体自身免疫系统产生的一些特殊巨噬细胞能在这方面发挥"清洁工"的作用。

德国柏林大学医院报告说，他们经过10年研究发现，骨髓中产生的一些特殊巨噬细胞可以降解和清除引起老年痴呆症的有害沉积物。研究人员还首次发现一种特殊的趋化因子，可以发号施令让巨噬细胞进行专业分工，并运动到脑中执行"清洁"任务。研究人员认为，这一发现为治疗老年痴呆症提供了一个全新思路。他们相信将来可以由此开发出一种定位准确且副作用小的老年痴呆症新疗法。

拓展阅读

虽然脑容量减少了，但并不等于我们变笨了，相反，现代人类其实更加聪明。因为人类在发展、进化过程中逐渐减少了身体能量的消耗，这让我们的大脑在容量减小之后反而变得更加有效。

↓环境会决定你的头能长多大

神奇的人体"谷歌"

美国威斯康星州有一名51岁的男子叫布拉德，他拥有绝对惊人的超级记忆力。他能清楚地记住过去每天发生的任何大小事情。布拉德也被人比喻成是"人体谷歌"。因为他回忆某些事件的速度，比别人通过搜索引擎"谷歌"搜索还要快。据美国科学家称，"超忆症"可说相当罕见，目前全球已知仅有3人拥有这种"百科全书"般的超级记忆力。

罕见的"超忆症"

布拉德是美国威斯康星州家庭广播电台的新闻主播。他一开始并没有意识到自己的奇异能力，直到2000年他父亲去世后，他和兄弟一起翻看自己8岁时拍的一些照片，他发现自己能够清楚地记得度假时发生的所有事件，包括旅馆的名字、所吃的午餐、每天的具体游览路线，以及度假时见到的一切，可他的兄弟们对这些发生

在几十年前的事却几乎忘得一干二净。

布拉德的大脑就像是一本关于名字、照片、日期和各种事件的百科全

↓大脑的能力不可低估

书，过去生活中发生的每样事件，都会在布拉德的大脑中"编成目录"，他任何时候进行回忆，都能立即从"大脑百科全书"中找到需要的东西。

美国科学家称，如果他们能够解开布拉德拥有"超级记忆"的秘密，那么他们就能找出他的大脑与常人的不同之处，从而可能发现老年痴呆症患者为何会失去记忆的原因。

"行走"的百科全书

很多人都不会记得自己哪天参加工作的，但如果你问布拉德他是在哪一天到美国中西部家庭广播公司当新闻记者的，他会立即告诉你具体时间。他甚至还记得当天早晨是阴天，但没多久就艳阳高照。他甚至还记得第一天上班前，他在家中吃了个油炸圈饼。

布拉德的同事们说他简直就是一部行走的百科全书，如果他听过、看过或体验过某件事情，他就会将这件事储存在大脑中，就像人们将文件储存在电脑中一样。大家怀疑他的大脑不是由脑细胞，而是由二极管和芯片组成的！

拓展阅读

根据麦高博士的研究，人类对于精神受创事件往往具有更鲜明的记忆力，因为人体会释放出压力荷尔蒙，加深这些记忆。这一理论能够解释大多数人都能回忆美国"9·11"恐怖袭击当天或戴安娜王妃去世当日，自己在什么地方，但这一理论却无法解释"超忆症"者的特殊能力。

31

第二章 人体的指挥官——大脑和神经

乐观者的大脑"报喜不报忧"

天生的乐观者，在看待问题时总是注意好的一面而忽略坏的一面。英国一项最新研究显示，这种乐观确实是"天生"的，因为他们的大脑在处理信息时就有偏好，天然地"报喜不报忧"。

大脑的"聪明"选择

英国伦敦大学学院等机构的研究人员说，他们请一些志愿者参与了测试这种大脑偏好的试验。志愿者先看一系列负面事件，如盗窃案或疾病等，然后评估这些事件发生在自己身上的概率。稍后研究人员会告诉志愿者该事件发生的平均概率，再重放一遍相关事件，请志愿者再次评估它们发生在自己身上的概率。结果显示，如果受试者开始的估计比平均概率更悲观，则看到平均概率后大脑相当于收到了好消息，会大幅修正自己的估计值；但如果开始的估计比平均概率要乐观，则给出的平均概率相当于坏消息，大脑随之做出修正的幅度却并不大。

谁在负责大脑的信息"过滤"

虽然受试者总体都有这种"报喜不报忧"的倾向，但在乐观者中表现尤为突出。研究人员另外用心理问卷评判了受试者的乐观倾向，并在他们接受上述测试时用磁共振成像技术扫描了大脑额叶的活动情况。额叶是负责处理相关信息的部位。结果显示，在收到好消息时，所有人的额叶都很活跃，但在收到坏消息时，额叶活动的程度就不太一样，乐观者额叶的活动程度尤为低下，显示出他们的大脑天然地希望"过滤"掉坏消息，乐观者最后根据坏消息而调整自我估计的幅度也最小。

↓乐观者的大脑总是聪明地"选择"了快乐

拓展阅读

　　人的大脑在结构和功能上是极其复杂深奥的，就拿人的记忆力来说，有人估计，一个人的大脑能记忆的信息量，大体相当于全世界图书馆的7.7亿册藏书所包含的信息量，可见人的记忆潜力是多么惊人！人脑还有抽象概括、推理和思维能力。但是，人的知识、才智绝不是生来就有的，而是在后天的社会实践活动中通过学习、训练得到的。

你是否有"似曾相识"的感觉

　　你是否有过这样的经历：忽然感到眼前的场景无比熟悉，所有的一切，每一个细节，甚至是接下来所要发生的一幕，你都了如指掌，就好像曾经经历过。然而，事实上并非如此。这是一种神秘而奇妙的感觉，据最近相关调查显示，有三分之二的成年人至少有过一次这种"似曾相识"的经历。

大脑的知觉与记忆

　　"似曾相识"的感觉是怎么来的呢？这得从知觉和记忆的"分类"说起。无论是知觉还是记忆，人的大脑都是分类进行的。分类的过程是知觉的一个基本特征，也是记忆的一个基本特征。知觉包括对面孔的知觉、对物体的知觉、对位置的知觉等等。以这三类为例，由于它们的对象不同，因此当我们到一个地方以后，方位和空间关系、周围的物体、人物，可能就会同时在大脑里出现。与知觉类

　　似，记忆也分为很多种类型。知识和概念的记忆被称作语义记忆；针对情节、经历、事情经过的记忆，即情景性记忆；不自觉地逐渐形成的记忆，是无意识记忆。其中每一类记忆，又可以分为很多种。

大脑对知觉与记忆的分类

　　知觉和记忆在大脑里都是"分类"进行的，我们曾经经历的一些场景的众多特征会存放在不同的记忆系统中，但我们并没有意识到。当我们走到一个新的场景，场景中的某些部分就可能会刺激到一些记忆，调动大脑中不同的记忆系统，来与之相匹配。这时候，一旦场景中的某一特征和过去的经历匹配上，就会产生"似曾相识"的感觉。

隐藏的记忆

　　一般来说，与情绪密切相关的事情容易记得比较牢。如果处于一种情绪不稳定的状态，那么，"似曾相

←你是否经常觉得有些场景曾经见过

拓展阅读

心理学家指出，人们有时根本不需要真实的记忆，大脑内部就有可能自己制造一种熟悉的感觉。而"似曾相识"感的出现可能是因为人们接收到了太多的信息而没有注意到信息的来源。熟悉感会来源于各种渠道，有些真实，有些却是虚幻的。当你遇到已经忘记的小说描写的情形时，可能会把它当作自己前世的记忆。或者当身处于曾经看过电影的真实场景时，虽然表面上已经完全忘记了这部电影，但脑子里还是会勾起惊心动魄的回忆。

识"发生的概率就容易高。人的每一个知觉都是在一个具体的场景下出现的。这种场景往往是一个大的背景，不需要特别的注意就会跑到脑子里形成无意识记忆。从童年开始，所有的经历不管是想记的还是不想记的都在脑子里保存着。脑子里有这些记忆的痕迹，"在一些极特殊的情况下，就会'蹦'出来，透射到意识中"。

↓知觉和记忆被分装在大脑里

大脑也喜欢"锻炼"吗

睡眠不仅可使人的身体恢复活力，而且还能触发大脑中的"复原按钮"，以此帮助大脑保持灵活，为学习做好准备。研究还表明，睡眠可以减少由于大脑中连接点（突触）过多所造成的有害积累。

大脑喜爱体育锻炼

睡眠在为获取新信息而清除旧记忆方面的作用是显而易见的。对于那些痛恨学习的人们来说，一个梦想变成了现实。只需每周抽出三次时间安静地散步半个小时，大脑的学习、注意力和抽象推理能力就能提高15%。而每周参加三到四次体育锻炼的青少年，平均考试成绩都会高出其他不锻炼的人。这种现象在男孩子中更为明显。有氧的锻炼可以为大脑送去更多氧气，从而提高大脑功能。

大脑喜爱体育锻炼还有另外一个原因：锻炼可以促进脑细胞的再生。

即使是成年人，也还会不断长出新的大脑细胞，而要促进新的大脑细胞不断形成，体育锻炼是实现这一目的的最佳方法。

你的智慧与锻炼相关

锻炼与智力水平是相辅相成的，身体锻炼可以促进大脑机能，而脑力练

↓经常动脑，锻炼你的大脑

习也有利于身体健康。美国俄亥俄州克里夫兰临床基金会的研究人员进行了一项实验，他们让志愿者每天花15分钟思考如何锻炼自己的二头肌，12周过后，这些人的手臂肌肉平均增强了13%。

◆◆ 大脑无法清醒的时候

注意力不集中，连最简单的事情也会搞砸。相信没人喜欢犯错误，适当增加你的睡眠当然可以提高效率。但当你重复同一件事，并且长时间重复时，就很容易出现注意力不集中等现象。而令人惊奇的是，大脑在注意力不集中90秒后才开始出现错误，而在错误出现以后，人体仿佛就重新开始集中精力。注意力不集中，怎么改变呢？试着明确你的学习目的，对要

学习的东西有大概或者清晰的了解，找到你所感兴趣的地方，那么在学习中，自然就会提高自觉性，有了自觉性，注意力不集中也就不会存在了。

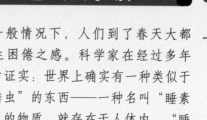

趣/味/阅/读

一般情况下，人们到了春天大都会产生困倦之感。科学家在经过多年研究后证实：世界上确实有一种类似于"瞌睡虫"的东西——一种名叫"睡素因子"的物质，就存在于人体内。"睡素因子"是由四五种氨基酸组成的，其末端还附有一种胞壁酸糖。"睡素因子"是由一部分在小肠内生活的细菌生成的，它被人体吸收后能够产生催眠作用。当人醒着的时候，"睡素因子"是逐渐积累的，当其达到一定浓度时，就会使人产生昏昏欲睡的感觉。

↓调皮的"睡素因子"总是让人很困

为什么
你的记忆一直存在

虽然大脑只占体重的2%，但是大脑需要人体20%的氧和热量。我们吃的很多饭菜其实是给大脑供应"精神食粮"。为了满足大脑，三根主要脑动脉不断向大脑输氧，任何一根动脉阻塞或破裂都会导致相关脑组织受损。

大脑如何进行再学习

德国马普所神经生物学分所的科学家们已经能够证明：即使不再使用，在学习过程中建立起来的细胞接触还是会保留。重新激活这些暂时闲置的"存储细胞接触"，能够让我们更快地熟悉那些曾经学习过但被遗忘的事情。

人类与昆虫不同，即使多次无功而返，昆虫还是会反复不停地朝着窗玻璃撞去，试图获得自由，而人类的大脑能够学习复杂运动的联系和顺序。这种学习能力不但让我们能够避免撞到玻璃门，还让我们能够掌握各

↓记住的东西都被装进了大脑里的"存储细胞接触"

人类的秘密

任何以前的处理路径存在，蛋白质附属物就会开始生长，从激活的细胞一直延伸到邻近的细胞。当生长到特定的接触点的时候，在蛋白质附属的末端处会形成特定的接触点，这种接触点又叫作突触，突触一旦形成，信息就可以从一个细胞传到另外一个细胞，我们也就获得了新的信息。一旦接触中止，所学到的东西也就被"忘却"了。

↑记忆在大脑里以某种方式相连

种各样的技能，比如骑自行车、滑雪、说不同的语言或者演奏乐器。尽管在我们年轻时，大脑学习得更快，但是我们到了老年还是依然拥有这样的学习能力。长期以来，科学家们都试图准确查明，当我们学习或遗忘的时候，大脑到底是如何工作的。

❖ 什么是"弹性联系"

学习，换句话说，就是成功地处理新的信息，是神经细胞之间建立新的联系。面对新信息，大脑中没有

拓展阅读

一般人每天进入大脑的信息很大，99%的信息只是暂时记忆，过后很快就忘记了，只有1%的信息被记忆、贮存下来，我们称之为长久记忆。但是暂时记忆通过学习可转入长久记忆，这样人类的知识才越来越丰富，人类也越来越聪明了。动物实验也表明，在复杂环境中生长的老鼠大脑皮质就比在简单环境中生长的老鼠发达。

为什么自己"挠痒痒"时感觉不到痒

英国科学家表示，人脑能提前意识到一些不重要的感觉，比如来自自身的触摸等，因此它就可以将"关注"的重点放到一些更重要的外界接触上，而这一结论也就能解释为什么人们在自己给自己"挠痒痒"的时候感觉不到痒了。

不被大脑重视的自我拍打

据美国"生活科学网"报道，有30人参加了一个研究：用右手的一个手指，通过轻拍放置在左手一个手指上的装置去触碰左手那个手指，而该装置可以立即对这种拍打作用进行传递。在左手手指被拍打之前，这个由电脑控制的装置可以带来不同时间长短的延迟。而研究人员会使用另外一个按钮来引起外部产生的拍打。根据接受该试验人员的讲述，在间隔的时间内，左手的感觉会较少集中在任何自我拍打可能自然发生的瞬间。因此当人脑预见到了这种拍打时，而这种拍打又按照预期发生，这时脑部对其注意的程度就减弱了。

对此，英国伦敦大学学院神经学研究所的保罗·贝斯表示："这一发现对'脑部经常会对将要发生的事情和将要收到的感觉进行预测'这个理论提供了支持。"

脑部为什么有这种功能

为什么我们的脑部会如此工作呢？科学家对此进行了深入的解释。其实，人们感官接收到的信息经常是有点"过时"的，这是因为从我们的手指、耳朵或者眼睛向脑部传导信号是需要时间的。贝斯说："尽管这种延迟只有不到一秒的时间，但是这段时间已经长得足以产生任何牵涉到精确控制我们身体或是移动物体的事情，比如接住一个球等。"他还说："通过把感官告诉我们的信息和我们对将要发生的事情的预测结合起来，我们就能得到一幅显示目前自身身体状态及外界环境的精确画面。"

拓展阅读

弗吉尼亚大学开展的这项研究发现，在总共12项测试中，其中有9项获得最高分的调查对象平均年龄是22岁。从逻辑推理、反应速度和空间想象力3项测试的结果来看，调查对象的得分首次明显低于之前的最高水平是在27岁。记忆力开始衰退的平均年龄是37岁。在其他几项测试中，调查对象的得分在42岁时开始降低。

大脑的感知

研究人员发现，人的智力在22岁时达到顶峰，而仅在5年之后就会开始衰退。在50岁以上的人中，有近一半的人不清楚导致智力衰退的主要原因。对于身体健康、受过教育的成年人来说，与年龄有关的一些认知衰退症状在二三十岁时就开始了。

该研究持续7年之久，共对2000名18岁至60岁的男性和女性进行了调查。研究人员要求调查对象做图形猜谜、复述单词和故事细节，以及指认字母和符号类型等各项测试。类似的测试常被用于诊断智力残疾和包括痴呆症在内的智力衰退等。

↓大脑对自身的触感较为"麻木"

为什么人会打哈欠呢

美国宾汉姆顿大学生物系科学家盖洛普介绍说："人类的大脑其实和电脑一样，在冷静的状态下，它的运行效率最高。而且，人类的进化已使得身体总是在尽最大限度地冷却大脑。"

小鹦鹉实验

盖洛普分析和研究了长尾小鹦鹉的打哈欠原理。由于这种澳大利亚野生鸟类的大脑相对较大，可以作为脊椎动物的典型代表。这些长尾小鹦鹉的大脑温度经常发生波动，而且它们不会像人类和其他动物那样会形成传染性哈欠。

科学家们将长尾小鹦鹉放置于三种不同的环境中：温度正在升高的环境、高温环境、温度可控的环境。在后两种环境中，鹦鹉哈欠次数并没有增多。而在第一种环境中，鹦鹉打哈欠的次数明显增加了一倍还要多。

打哈欠与祖先遗传有关吗

有科学家根据进化理论得出结论认为，人类打哈欠是原始祖先遗传下来的，是为了露出牙齿向别人发出警告。蜷伏在草丛里一动不动的蛇，常常打完哈欠再行动；水中的河马会先打个哈欠，之后再从水中走出来。鉴于人类的发展已经进入文明社会，用打哈欠的方式向别人发出警告已经过时了。如果是这样的话，那么人类打哈欠的行为，最有可能是一种已经丧失存在意义的演化遗迹了。

"打哈欠"是为了调节大脑内部温度

科学家们认为，哈欠其实就是鸟类和哺乳动物的散热器。如果空气的温度比大脑和身体的温度低，那么吸入冷空气会迅速降低面部血液的温度，进而冷却大脑，甚至会改变血液的流动。此前的研究表明，打哈欠会提神，因此早晨的哈欠就好像是一杯提神咖啡。科学家们还通过新的发现解释了为什么疲劳的人容易打哈欠。由于疲劳和睡眠不足会导致大脑温度的上升，必须要通过打哈欠来降低大脑的温度。此外，打哈欠还可以加快大脑状态的过渡，如从睡眠过渡到清醒状态。

◆◆ 有的人为什么"哈欠连连"

盖洛普的父亲老盖洛普也曾致力于哈欠科学原理的研究。他认为频繁打哈欠的人，其大脑的冷却机制肯定有问题。多发性硬化症患者和体温调节失衡的人，就会出现哈欠连连的情形。在癫痫发生之前，患者通常也会受到哈欠连连的困扰。根据打哈欠的情况，还可以预测头痛的病人是否患有偏头痛。

◆◆ 为什么"打哈欠"会传染呢

一般来说，几乎所有的动物包括鱼类、鸟类和哺乳类动物在缺氧、疲倦或饥饿时都会打哈欠，但只有人类和大猩猩这样的高级灵长类动物之间才会相互"传染"。这是因为在"移情作用"的影响下，一个人"打哈欠"的行为会投射到另一个人身上，从而产生"连锁反应"，跟着别人重复同样的动作。这就好比看到同伴被钉子扎了脚，自己也跟着喊痛一样。更有趣的是，打哈欠不仅仅会通过视觉传染，当人们听到打哈欠的声音，看到打哈欠的字眼，甚至想到打哈欠情景的时候都可能不自觉地跟着打起哈欠来。打哈欠传染也有可能是人类模仿别人感受的初级形式。

和打哈欠一样，笑声也能传染。研究表明，笑声属于一种模仿社交暗示。听到笑声后，大脑中与面部肌肉活动的相关区域会受到刺激。喷嚏、笑声、哭声和哈欠都是增强社交团体纽带的关键因素。

↓打哈欠有助于提神

为什么吃鱼
大脑才会更聪明

鱼肉富含的蛋白质，可以帮助幼儿、儿童及青少年生长发育，生病或身体有伤口的时候，也可以帮助复原及愈合。而且鱼肉的蛋白质、肌纤维构造比较短，结缔组织也比较少，所以鱼肉吃起来较其他畜肉细致嫩滑，也较容易消化，非常适合幼儿及老人食用。

为什么吃鱼会让人更聪明

我们常听说吃鱼能变得聪明。这是为什么呢？鱼类所含的脂肪比畜肉少，所以热量较畜肉低。芬兰地区的研究发现，一周吃不到一次鱼的人，罹患轻微忧郁症的比例比常吃鱼的人高，因为鱼肉中的EPA及DHA可以消除忧虑，预防精神分裂症。而鱼类所含的DHA，它们在人体内主要是存在于脑部、视网膜和神经中。DHA可维持视网膜正常功能，婴儿尤其需要此种养分，促进视力健全发展；DHA也对人脑发育及智能发展有极大的助

益，亦是神经系统成长不可或缺的养分。

鱼肉中也含有丰富的蛋白质，可以帮助生长发育、伤口愈合以及降低血脂等。鱼类的蛋白质含量约$15\% \sim 24\%$，所以鱼肉是很好的蛋白质来源，而人体对这些蛋白质的吸收率可高达$87\% \sim 98\%$。鱼类的脂肪含量比畜肉少很多。此外，鱼油还含有丰富的维生素A及维生素D，特别是鱼的肝脏含量最多。鱼类也含有水溶性的维生素B_6、维生素B_{12}、烟碱酸及生物素。鱼类还含有矿物质，最值得一提的是丁香鱼或沙丁鱼等，若带骨一起吃，是很好的钙质来源；海水鱼则含有丰富的碘；其他如磷、铜、镁、钾、铁等，也都可以在吃鱼时摄取到。

脑黄金——DHA

长期从事脑营养化学研究的英国科学家麦克教授在"国际DHA研讨会"上说："经常吃鱼的孩子，比以肉食为主的孩子智商高。"这是因为"鱼肉中含有的DHA对大脑有益"。

↑珍贵的DHA主要集中在鱼油里

DHA作为高度不饱和脂肪酸的一种，有促进大脑发育、增强记忆力、防止大脑衰老的神奇功效，因而有"脑黄金"的美称。

深入的研究还发现，DHA只存在于鱼贝类中，而猪、牛、羊和其他植物中是没有的，也就是说，只有通过吃鱼，才能得到DHA。人类脑中的脂肪大约10%是DHA，这些DHA都直接或间接地来自鱼类。

每一条鱼都有神奇的DNA吗

不同的鱼或同一种鱼在不同季节，体内的DHA含量会有差异。因为DHA主要集中于鱼油中。因此那些鱼

拓展阅读

罹患老年痴呆症的人，血液中DHA的含量平均比正常人少30%～40%，常吃鱼的人大脑较不易退化，甚至可以改善阿尔茨海默症的症状。即使是一般健康的人，缺乏DHA也会造成记忆力和学习能力降低。不过吃鱼也要注意，不吃环境受到严重污染地区的鱼；不吃头大、身瘦、尾小的畸形鱼；不吃眼睛浑浊的鱼；不吃死了太久的鱼等。

油含量较高的鱼如鳗鱼、带鱼、沙丁鱼、鲅鱼、青鱼、鲚鱼等就含有更多的DHA；处在生长旺盛期或繁殖期的鱼类，其体内的DHA含量也要比平时多得多。此外，牡蛎、章鱼、墨鱼等贝类中也含有一定数量的DHA。鱼鳃下边的肉也是非常有营养的，它呈透明的胶状，里面富含胶原蛋白，能够对抗人体老化及修补身体细胞组织，所含水分也很充足，所以口感很好。

↓鱼体中含有的DHA对大脑有益

为什么有些人会晕车

　　"运动病"又称"晕动病",是晕车、晕船、晕机等的总称。它是指乘坐交通工具时,人体的内耳前庭平衡感受器受到过度运动刺激,前庭器官产生过量生物电,影响神经中枢而出现的出冷汗、恶心、呕吐、头晕等症状群。

不是所有人都会晕车

　　内耳前庭器是人体平衡感受器官,它们都是前庭末梢感受器,可感受各种特定运动状态的刺激。当我们乘坐的交通工具发生旋转或转弯时,或直线加(减)速度变化,如汽车启动、加减速刹车、船舶晃动、颠簸,电梯和飞机升降时,这些刺激便向人的中枢神经传递。这些前庭电信号的产生与传递,在一定的限度和时间内不会使人产生不良反应,但每个人对刺激的强度和时间的耐受性有一个限度。如果刺激超过了这个限度,就要出现运动病症状。每个人耐受性差别又很

大,这除了与遗传因素有关外,还受视觉、个体体质、精神状态以及客观环境(如空气异味)等因素影响,所以在相同的客观条件下,只有部分人出现运动病症状。

奇怪现象——晕车的人开车却不晕

　　因为运动病主要是人体前庭神经系统受到超限刺激引起,故前庭神经系统的兴奋度的高低是关键。前庭神经系统属于低级中枢,它受大脑皮层高级中枢影响,高级中枢对低级中枢有抑制作用。当晕车的人开车时,精神处于高度集中状态,大脑皮层高级中枢高度兴奋对前庭系统产生抑制作用,自然就不会晕车了。而以乘客身份乘车时,则不具有这种效应。同样,当战斗警报拉响时,原来晕船的海军将士即刻能够以昂扬的斗志投入战斗。

怎样才能不再晕车

下面介绍七个防治晕车的办法。晕车时，可口服晕车药，于上车前10~15分钟服用。如果途中又发生晕车，应站立15~20分钟后坐下，以便药物吸收；如带有鲜姜，可将鲜姜片放在鼻孔下面闻，将辛辣味吸入鼻中，也可将姜片贴在肚脐上；风油精搽于太阳穴或风池穴，也可滴两滴风油精于肚脐眼处，并用伤湿止痛膏敷盖；指掐内关穴或合谷穴是发生晕车时大家最常用的方法。

↓晕车的人，其身体平衡感受器官受到了一些刺激

为什么我们会有"生物钟"

人的生物钟，是长时间形成的一种生理反应。生物钟的形成有两种原因：既有先天的因素，也有后天工作环境长期养成的因素。因此有些生物钟是可以调整的。例如外交官和运动员为了适应世界各地的时间差，就得人为地调整自己的生物钟，努力使自己在最需要体力和精力时，"正好"处在最佳状态。人一天中有时记忆力好，有时则相对较差，有一定规律，因此是可以调整的。不同的人会有不同的规律，有的人早上5～9时记忆力好，而另一些人则是晚上记忆力好等等。

◆◆ 了解生物钟，提高你的效率 ➤

我们每一个人的生命，自诞生之日起，身材的生长、新陈代谢的过程，以及体力、智力、情绪、心率、呼吸节奏、血压、经期等等，都是踩着自然节律的"节拍"在"跳舞"。

每个人大脑皮层的不同区域，其功能随着生物钟的节律，也时时发生着变化。如果我们能充分利用好这个生物钟，就可获取理想的学习、工作和科研成绩。

◆◆ 掌控你的智能"生物钟" ➤

人体智力生物钟大致分三类：昼型、夜型、中间型。

昼型，表现为凌晨和清晨体力充沛，精神焕发，记忆力、理解力最为出色。

夜型，是一到夜晚脑细胞特别兴奋，精力高度集中，如法国作家福楼拜就习惯整夜写作，久而久之，他家彻夜不熄的灯光竟成为塞纳河上船工的航标灯了。

中间型，介于前两者之间，清晨和上午学习工作效果特别好。

青少年正处在学习生活时期，就必须顺应学校的学习时间，来安排自己的作息时间，调整自己的生物钟，让自己的脑细胞在上午八点开始活跃，精力高度集中，从而很好地进入学习状态。

点灯睡觉吃不多也发胖

生物钟紊乱是造成很多疾病的主要原因。有的人夜晚睡觉时因为害怕，所以喜欢开着灯睡，可是你知道吗，夜晚开着灯睡觉反而会使人发胖。科学家们通过一组实验，将老鼠分成三组，白天让它们在日光下正常活动，一到夜晚则让它们分别处于强光、弱光和完全黑暗的环境中。

实验结果是夜晚也"见光"的两组实验鼠把一部分进食时间挪到了晚上。一周之后，它们开始发胖。8周之后，整夜被强光照射的老鼠体重增加了1/2，受到弱光照射的增加了1/3，而一直待在黑暗中、仍按正常时间进食的老鼠的体重没有变化。之后，研究人员让这三组老鼠处在同样的实验环境，但只在白天的常规进食时间喂它们，结果发现那些"发福"的老鼠又瘦了下来。

"这说明老鼠发胖并不是因为夜间多吃了食物，而是因为它们的进食规律被打乱了，它们在夜里新陈代谢缓慢的时候进食，所以容易造成脂肪堆积。"科学家说。实验结果同样适用于人类。因此人若想变得苗条，晚上睡觉关灯也有一定作用。

假日综合征是怎么回事

我们为什么会出现假日综合征？

因为假日的生活节奏和平时发生了急剧的变化，而生活节奏的急剧变化，导致体内生物钟无法适应，就会出现慢性生物钟紊乱的现象。

美国一个研究小组在6名男性工人身上进行了试验。这6名工人每周轮换一次白班和夜班。科学家说，虽然6人起床时间约有7小时的差别，但体内生物钟却只错开两小时左右，出现了5小时左右的生物钟紊乱状态。很多人喜欢假日"补觉"，这样也会打乱人体原有的生物钟。当睡眠不规则时，人的整个身体就会进入一种无规则的状态之中，就会造成食欲低下、恶心、心情抑郁等症状。因此，科学家说："要想将生物钟调整到最佳状态，那么，无论是每晚的睡眠还是白天的小睡，都要尽量保持在同一个时间上床，节假日也尽量不要例外。"

↓生命踩着生物钟的"节拍"起舞

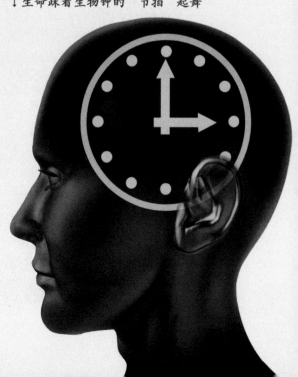

第三章

皮肤与毛发——保护人体的外套

　　每个人的身体都是一座独立的城，外界的各种"敌人"都千方百计想侵略进去，人体便设计了许许多多的结构和功能来防御"敌人"的进攻。最外面的皮肤就是人体设置的第一道城墙。俗话说，皮之不存，毛将焉附？毛发作为人体皮肤的附属器，它的产生、发展与皮肤息息相关。如从重量和面积来看，皮肤是人体的最大器官，其总重量约占体重的16%；皮肤的面积，成年人约为1.5~2平方米，新生儿约为0.21平方米。

皮肤
——人体的一道城墙

皮肤就像是人体防御的城墙，就像一层弹性的天然屏障，保护着人类。从重量与面积来看，皮肤是人体的最大器官，其总重量约占体重的16%；皮肤的面积，成年人约为1.5～2平方米，新生儿约为0.21平方米。

人体天然的弹性屏障

皮肤就像一层有弹性的天然屏障，将人体与外界环境隔开。天凉了，皮肤会感受到冷空气的侵袭，起一层"鸡皮疙瘩"；天热了，皮肤又会大汗淋漓，第一个做出反应。

在皮肤及内脏上有外周温度感受器，就像"冷热敏感电子元件"一样，对冷热刺激特别敏感。其接受到的敏感能将这种变化变为神经冲击，向中枢发放。中枢则及时做出反应，采取相应措施，进行体温平衡调节。例如，当人们进入寒冷环境时，就会不由自主地打寒战，通过这种方式骨骼肌收缩，产热增多，是防止体温下降的重要反应之一。同时，皮肤血管收缩，血流减慢，皮肤温度下降，加上汗液也减少，使身体向外界散热减少，维持体温恒定；反之，在高温环境里，皮肤血管扩张，血流量增多，皮肤温度升高，加上出汗增多，加快散热。除生理性体温调节外，还有一些行为性体温调节，例如寒冷时就会主动加衣保暖，并有意地跑步或踏步，以多产热量；而炎热时，就会主动到树阴下躲避酷暑等。

老茧的形成

手掌和脚底经常被磨，外面的这层皮越磨越厚，就成了老茧。手掌和脚在水里泡久了，皮肤会发皱发白，那就是外层表皮中的水分增加了，在对你抗议呢。而到了冬天特别干的时候，那一层里的水分减少了，皮肤就会裂开口。所以冬天擦一些油脂，可以减少水分蒸发，皮肤就不会开裂了。

人类的秘密

皮肤都有哪些作用呢

皮肤首先具有保护作用。皮肤的表皮能防止病菌侵入，真皮很有弹性和韧性，能耐受一定的摩擦和挤压，皮下脂肪组织能缓冲机械压力。正常情况下，皮肤呈酸性（pH5.5左右），具有很强的杀菌能力。皮肤还具有调节体温的作用。环境寒冷时，皮肤血管多数在收缩，血液流量小，皮肤散热少；天气炎热时，皮肤血管多数舒张，血液流量大，皮肤直接散热多。同时，汗腺分泌汗液，汗液蒸发则散失的热量也显著增多。这样也就维持了体温的相对恒定。

由于皮肤含有丰富的感觉神经末梢，因此能感受冷、热、触、痛等刺激，通过神经调节，做出相应的反应，避免了对身体的损伤，俗话说的"十指连心"正是这个道理。

皮肤还有排泄的功能。汗腺分泌的汗液，主要成分是水，还有少量的无机盐、尿素等废物。皮肤还有一定的吸收功能，有时人体生病了，医生会给你开一些外用药贴在皮肤上，让皮肤慢慢地吸收进人体内部，达到预期的治疗效果。

↓皮肤毛囊周围的肌肉收缩形成类似"鸡皮疙瘩"的人体小保护墙

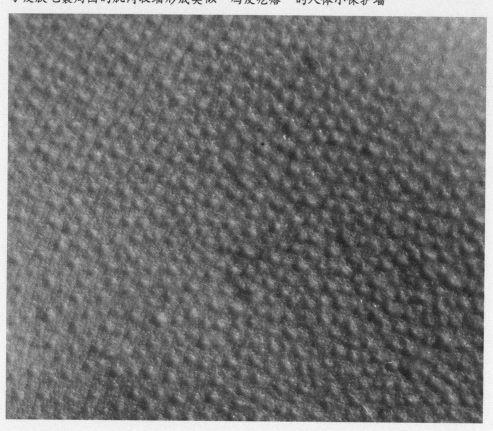

↑ 皮肤保护着我们不容易受到细菌侵害

皮肤最薄和最厚的地方

皮肤把我们从头到脚包围起来，直接与外界环境打交道，难怪有人曾给它以"人体的万里长城"的美誉。这道城墙的最厚处，是在我们的手掌和脚底。最薄处是我们的眼皮，只有半毫米。别看这道城墙是那么薄薄的一层，我们还可以把它分出层来。例如表皮，表皮最表面成了角质层，角质层细胞像落叶一样到了一定的时候就会自然掉下来，这就是白色的皮屑。

知/识/链/接

鸡皮疙瘩是怎样来的呢？当人体感到兴奋时，皮肤毛囊周围的肌肉就会收缩，从而使毛发竖立起来，形成一层保护墙。其实，所有的哺乳类动物在遇冷或遇险时都有毛发竖立的反应。所不同的是，人类的毛发很短，不足以达到保护身体不受侵害的实质作用。

让人讨厌的皮肤问题

"青春痘"，医学上叫痤疮，也叫"粉刺"，是男女青年易得的炎症状皮肤病。

从青春痘到黑头粉刺

人的面孔上有很多皮脂腺。到了青春期，皮脂易从毛孔排出。当皮肤造成淤积，堵塞了毛囊，发生细菌感染，青春痘就这样偷偷地跑出来了。当毛囊口被皮脂堵塞，形成了一个个小包，并且可以挤出像豆腐渣样的皮脂栓，皮脂栓过不久就会变色发黑，这时便形成了黑头粉刺。

为什么不能挤青春痘

皮肤如果被细菌感染就会长出小脓疱，会引起痒、痛，这时候如果去抓去挤，很容易把病情扩大，小疙瘩变成大疙瘩，万一把细菌挤进了血管，可能会造成十分严重的疾病。尤其是脸上的痤疮，更是不能抓不能挤，以免造成血液感染，一旦影响到大脑，就更加危险了。所以，脸上的疙瘩痘一定要小心看护，尽量少吃脂肪类、糖类和刺激性食物。经常保持皮肤清洁，每天用温水多洗脸，帮助皮脂的顺利排出，不要给"青春痘"在脸上出现的机会。

如果你不幸拥有"青春痘"，千万不要乱涂一些消灭青春痘的化妆品，使用不当，只会让你的皮肤越来越差。更不要着急，因为这些"青春痘"不会永久性地"痘"留，青春期一过，它们自然会悄悄地消退。

吃人皮屑的螨虫

皮肤因感染而出现青春痘与一种细菌有关，即螨虫，此外痤疮、酒糟鼻、黑头也与螨虫有关。

如果你顺便扫一下床单或者擦一下茶几，把擦扫出来的灰尘拿到显微镜下，你会发现，成千上万只像蜘蛛一样的虫子在爬动，这就是螨虫。全世界共有15种螨虫，它们生活在我

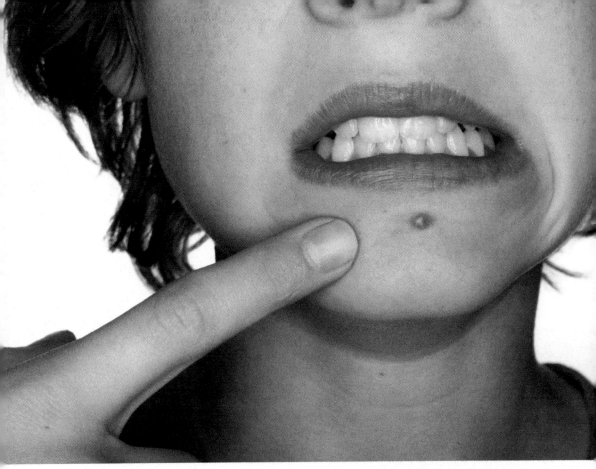

↑千万不要去挤青春痘

们的床上、枕头上、家具里、地毯上以及房间中的各个角落。大约每30克灰尘当中，就有42万只螨虫！而据统计，床单上的螨虫最多，平均每张双人床上住着200万只。幸运的是，这些小东西并不生活在我们的身上，而是吃人体脱落的皮屑为生。

◆ 人类的秘密

拓展阅读

螨虫个子很小，肉眼是根本看不见的。据科学家研究，30亿年前它们与蜘蛛为同一个祖先。后来蜘蛛进化成了大个子、多眼睛的捕食者，而螨虫却退化为几乎失明的腐食动物。螨虫的运动往往是听天由命：或随风飘荡，或随货物、衣服迁移。对它们来说，从你的房间地板爬到墙壁，就像一个人从北京步行去拉萨那样艰难。它们能在一个地方生活数百代，每一代的寿命大约40～60天，一只螨虫每天还要排出20颗小屎粒。

你知道头发的结构吗

成年人全身有500万个毛囊，其中10多万个在头顶。我们黄种人约有10万根头发，其他人种多一些，黑种人12万根，白种人最多，达14万根。

头发也有寿命吗

只要没有病，每个人都长头发。成人头发的总数约有10万根。有个秘密也许你不知道：头发也有自己的寿命，它的一生大约只有2～6年。它长到一定时间便寿终正寝，会自然脱落。所以，在你梳头时，每天大约脱落几十根头发。因此，每天掉头发的你不要大惊小怪，因为这是正常"死亡"。只是老头发"死"了以后，又会生出新头发，所以你的头上始终秀发"茂盛"。

头发是由哪些化学成分组成的

头发是一种由完全角化的角质细胞所形成的天然高分子纤维。角质细胞内充满着由多种氨基酸组成的角蛋白，其中以胱氨酸的含量最高，可达15.5%。不过，头发中的角质细胞已丧失了活动能力，几乎没有任何生理功能。

头发中含有多种微量元素，可检测的就有20种以上，如铁、铜、碘、氟、硒、锌、砷等。这些元素的含量大大高于血、尿中的浓度。同时，头发中还含有血型物质。

由于头发是角蛋白物质，以至于大自然几乎不能把头发毁灭。已有4000多年历史的古埃及人遗骸被发掘出来时，有些只剩下一堆土及一两根骨头，未用泡碱制过的肉身不能长久保存，而未用泡碱制过的头发却多数依然存在。于是，头发便有了其多方面的特殊作用，如通过检测头发，可鉴别污染、诊断疾病、测定用药量、检测血型等。

↑头发的"新陈代谢"源源不断

头发是如何生长的

头发的发生是与毛囊分不开的，毛囊的存在是保证头发生长更换的前提。

在生长期，毛囊功能活跃，毛球底部的细胞分裂旺盛，分生出的细胞持续不断地向上移位，供应给毛发的本体和内根鞘，保证毛发的生长。当头发生长接近生长期末时，毛球的细胞停止增生，毛囊开始皱缩，头发停

止生长，这就是退行期。在休止期，头发各部分衰老、退化、皱缩，毛发行将脱落。与此同时，在已经衰老的毛囊附近，又形成一个生长期的毛球，一根新发又诞生了。

为什么会有头皮屑呢

头皮的结构和身体其他部分的皮肤一样，也有表皮和真皮两层。表皮又分成四层，最外面一层是角质层。在角质层，不时有老细胞退休，同时有下层推上来的新细胞积极顶替，头皮浅层的角化上皮多是退休离任的"老将"。它们和皮脂腺分泌的皮脂混合起来，就又组成新的"队伍"——头皮屑。到了一定的时候，就纷纷扬扬地飘飞下来。

头皮屑的多少也因人而异，因时而异。一般人，到了冬天，"头皮雪"便多起来，夏天就少得多。头皮屑为什么会随着季节的变化而增减？这是因为头皮里蕴藏着丰富的皮脂腺和汗腺，皮脂和汗液有滋润头皮和头发的作用。冬天，皮脂腺分泌脂减少，头皮不够滋润，又加上头皮里的汗液也少，空气又干燥，蒸发作用强，头皮就不由得不干燥了，头皮浅层（角质层）细胞的脱落和头皮的滋润程度有密切关系。头皮一干燥，角质层细胞便加速脱落，想留也留不住，冬天的"头皮雪"自然就特别多。而夏天恰恰相反，温度高，头皮

拓展阅读

大部分人的头发，其生长周期为3到5年，到期脱落。毛囊休止3个月后，再度"萌芽"长出头发。头发的生长速度为每天0.3毫米，一个月可长到1厘米。头发的寿命以4年为计的话，10万根头发轮流脱落，每天脱落约40到70根，一生中脱落的头发达150万根之巨。早晨整理床铺，发现枕旁脱发，全属正常。因为头发中含对人身体有害的金属元素较高，一些科学家认为头发也是人体排泄废物的器官，故应该一周或10天清洗一次，夏天应该更勤。

每一个月就要更换一次洗护产品，全都是刚上市的新品。你知道吗？每更换一次洗发水，就会带来对头皮的物理刺激。

洗发水和洗发水之间pH值不同。我们的头皮对洗发水有适应的过程，我们一直用偏碱性洗发水，头皮已经适应了，突然换成偏酸性，会对头皮造成刺激，引起脱发。

不同洗发水配方和添加剂也不一样，且植物成分和化学成分含量也难判定。我们对新的配方不适应也容易对头发造成损伤，或是加剧脱发。人每天都会掉头发，每个人的头发大概有10万根，每天50～100根的脱发是正常的，但是如果每天脱落过多或者长期脱发，就是异常的。

里分泌的皮脂也多，汗液也多，头皮滋润，当然"六月飞雪"的机会就少得多了。

↓人一生中脱落的头发达150万根

◆◆ 为什么头发总是掉得很快 ➡

你是否发现一觉醒后，枕边又多了不少头发。除了饮食，掉发还和频繁更换洗护用品有关。有些人喜欢新奇产品，经常是

头发的不同颜色源自哪里呢

人类头发的颜色与身高、体重、肤色、瞳孔颜色一样，存在着个体差异。头发颜色的形成和变化，主要是头发构成的成分组合在起作用。它受所含色素和空气泡的量及毛表皮构造等因素的影响。

头发的颜色有几种呢

人类的头发颜色因地域、种族、遗传、饮食习惯的不同，差别较明显。一般说来，白种人的头发多数是棕色或淡黄色；黑种人的头发多数是深褐色；黄种人黑色发较多，但还有深浅的不同，黑色浅至极则成为白发。中国人中偶见有红发者，但并不一定是"混血儿"，因为中国人自古就有红发者，《水浒传》中的"赤发鬼"刘唐，就因其长有一头红发而得此诨名。

为什么头发会有颜色呢

毛发根部的毛球细胞并不含黑色素，但毛球上方的细胞由毛母质推移而来，其丝状分裂很少且有色素。毛乳头顶面邻接毛球之处有许多大细胞，是随毛胚由表皮来的树枝状色素细胞，其树状突起分散伸出到毛皮质、髓质的未分化细胞之间，产生的黑色素顺着突起移交给所到达的细胞，使毛皮质、髓质都有了色素。

人的毛发以皮质为主，内含少许髓质，所以毛发黑色的深浅主要决定于皮质中黑色素的量以及其细胞内存在的气泡。皮质中黑色素越多，细胞之间气泡越少，头发颜色就越黑；反之，黑色素量少、气泡多，由于空泡产生光的反射，使毛发的颜色变淡以至生成为白色。

头发颜色会受外界什么影响吗

科学研究已证实，头发的颜色同头发组织中所含金属元素量也有一定

the关系。含有等量的铜、铁和黑色素的头发呈黑色；含镍量过多的头发变灰白色；含钛量大的头发呈金黄色；含钼多的头发呈赤褐色；含铜和钴多的头发呈红棕色；含铜过多的头发呈绿色；含过多的铁或严重缺乏蛋白质的头发呈红色。可见，头发的颜色除与种族遗传因素有关外，还与人体素质及饮食营养有密切关系。

头发为什么会有曲直的差异

与头发的颜色一样，人类头发的天然形状因地域、种族、遗传、饮食等的不同，差别也较明显。白种人多数是波状发，黑种人多数是卷曲发，黄种人多数为直发。一般来说，发干形状与发干断切面形状有一定联系，波状发断面和曲发断面为椭圆形，直发断面为圆形。当然这种分类仅是一般而言，黑种人也有波状发，白种人也有直发，黄种人也有波状发、卷曲发。

奇妙的毛发细胞排列

毛发细胞的排列方式受遗传基因的控制，它决定了毛发的曲直、形态。头发各种形状的形成，主要受头发构成成分的组合影响。毛发的卷曲，一般认为是和它的角化过程有关。凡卷曲的毛发，它在毛囊中往往

不处于中间的位置。也就是说，根鞘在它的一侧厚，而在其另一侧薄。靠近薄根鞘的这一面，毛小皮和毛皮质细胞角化开始得早；而靠近厚根鞘这一面的角化开始得晚，角化过程有碍毛发的生长速度。于是，角化早的这一半稍短于另一半，结果造成毛向角化早的这一侧卷曲了。

另外，毛皮质、毛小皮为硬蛋白（含硫），髓质和内根鞘为软蛋白（不含硫），由于角化蛋白性质不同，对角化的过程，即角化发生的早晚也有一定的影响。如果有三个毛囊共同开口于一个毛孔中，或一个毛囊生有两根毛发，这些情况都可能使头发中的角化细胞排列发生变化，以卷曲状生长。

烫发使头发变得卷曲，则是人为

拓展阅读

头发的变化与人的情绪有关。我国春秋时期，楚国的青年将领伍子胥遭到政治迫害，从楚国逃向吴国。在过昭关时，由于有卫兵按画像守门，伍子胥过不了关。为此他十分着急，在客栈中急了一夜，第二天，头发全急白了。因为头发白了，改变了他的形象，他竟因此过了昭关。经科学家们研究，"伍子胥过昭关一夜白头"的故事是真实的。不光着急，就是过分激动和悲哀，都可能导致"白头"的现象。

↑头发的颜色受到环境、遗传等各方面影响

地迫使头发细胞发生排列重组之故。

头发的粗细与哪些因素有关

头发的粗细不仅存在着个体差异，而且在同一人的一生中也会发生变化。胚胎三个月后，头发即开始生长；出生时，胎毛脱落，而头发则继续生长且变得粗壮；成年后的头发则变得更粗壮；上了年纪后，头发可由粗变细，这更多见于男性型脱发者。

头发的粗细还与种族有关。一般来说，黄色人种的头发较白种人的粗，也较白种人不易秃发。而营养、代谢等对头发的色泽、曲直、粗细也有一定影响。蛋白质缺乏时，毛发稀、细、干燥、发脆、无光泽、卷曲易脱。

脸上的皱纹是怎么形成的呢

人到了一定年龄，就会出现皱纹。皱纹出现的顺序一般是前额、上下眼睑、眼外眦、耳前区、颊、颈部、下颌、口周围。无论是皱纹、鱼尾纹、细纹、眼尾纹都是因为皮肤表皮层不均一的塌陷引起的。

皱纹是如何产生的

地心引力和皮肌的不断重复运动牵动着人体的两种纤维：胶原纤维和弹性纤维。前者维持着皮肤的韧性，后者则保证着皮肤的柔软。在表皮的下面还有一层肉眼看不见的真皮，它和表皮一样重要，是表皮的基础和营养源。在真皮层中，胶原纤维和弹性纤维不断地产生，又不断地消亡。一般来说，酶会将那些最衰老的纤维破坏掉，与此同时，成纤维细胞又会制造出新的纤维来代替它们。随着时间增长，胶原纤维和弹性纤维的数量和质量也随之下降，表皮和真皮的交界面也开始衰退松散，随后，表皮就会在重力的作用下开始向下滑动。于是颈部、眼眶周围和其他一些部位的皮肤就开始慢慢地出现皱纹。

导致皱纹出现的外在原因

我们知道皮肤的最外层是角质层，角质层为体内供水分，也可以从体外吸收水分，使皮肤保持适度的水

拓展阅读

为什么说盐吃多了也容易长皱纹呢？原来，食盐以钠离子和氯离子的形式存在于人体血液和体液中，它们在保持人体渗透压、酸碱平衡和水分平衡方面起着非常重要的作用。如果吃盐过多，体内钠离子增加，就会导致面部细胞失水，从而造成皮肤老化，时间长了就会使皱纹增多。由此看来，吃盐多不仅会造成高血压，还会直接影响人的容貌。要想皮肤好，比较科学的方法是多喝水，帮助皮肤排毒。

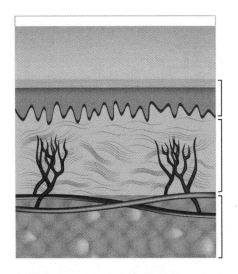
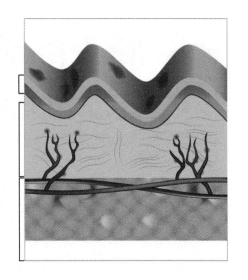

↑光滑皮肤与皱纹皮肤对比图

分含量。一般来说，皮肤含水量在10%～20%最合适，如果低于10%，那皮肤就会显得粗糙松弛，时间长了，则会出现皱纹。

经常闷闷不乐，常在面部表现出愁苦表情，而这种表情牵动着表情肌，会产生纵向或横向的皱纹，使人逐渐出现衰老现象。

睡眠不足也会使皮肤的调节功能受损，致使容颜憔悴，容易衰老起皱。

洗脸水温度过高也是一个原因。一般洗脸水以30℃左右的温水最合适，如果水温太高，皮肤的皮脂和水分会被热气吸收，而使皮肤干燥，日久天长逐渐在脸部产生皱纹。

使用不适当的化妆品会破坏皮肤的质地，过多的扑粉也会使面部出现细密的小皱纹。

皱纹出现的不同时期

25岁左右眼角可能出现浅小皱纹、眼袋等；30岁左右额部的皱纹加深增多、外眼角出现鱼尾纹、上下睑皮出现不同程度的皱纹；40岁则出现鼻唇沟加深，口角出现细小皱纹，颈部皱纹也跟着显现出来；50岁眼袋加深并出现下睑纹，上下唇也出现皱纹；到60岁则整个面部弹力下降，皱纹加深。

为什么说指甲是
人体的"晴雨表"

指甲的状况与多种内脏的疾病相关。美国马里兰大学家庭医学中心的华德高华列夫斯基博士，在其专门研究指甲诊断法的著作中指出，人类的双手和指甲，是一个精确度颇高的天然的健康测量仪。如果懂得观察和判断的话，指甲将及时地将身体是否健康的信息透露给你。

指甲是怎样反映身体问题的呢

在阳光或强光之下观察十指指甲，使指甲在光照之下上下移动，如果指甲表面对强光做出闪耀的反射，则提示机体健康状况良好，体内各器官的功能也正常；健康人的指甲呈粉红色。如果指甲表面出现棕色纵纹，由指甲尖向指甲根部垂落，那表示可能已患上发炎性的肠道疾病；指甲表面出现白色横纹，可能预示肝脏有病；若是棕黄色线纹横过指甲尖部位，则是肾脏有病的警告。不过这些症候应当是同时出现在十只手指甲上才有参考意义；指甲顶端及指甲尖部位向横扩展，医学上称为"杵状指"，是肺部有慢性疾病的征象。多种内脏方面的病变也可能出现这种变化；指甲向里凹陷称为"匙状指"，是糖尿病、贫血和营养不良等病的表现。

为什么剪指甲不痛

指甲相当于皮肤的角质层，但不是活细胞而是硬角质蛋白组成的薄板，角化细胞紧密地排列在一起，所以剪指甲的时候你不会感觉到疼。与皮肤的角质层相比，指甲的脂质含量较少，约为0.15%~0.75%，但是含硫量占3%以上，比皮肤角质层多。指甲虽然和毛发的形态不一样，但由于是同样的角质蛋白的原因，故指甲的氨基酸组成和毛发比较接近。

为什么手指甲比脚指甲长得快呢

人的手指甲和脚趾甲是皮肤的附

↑指甲的颜色、形状真实反映了身体情况

件，是由一种硬角蛋白组成的，是从表皮细胞演变出来的。表皮细胞从出生一直到死，一层一层不断地新陈代谢着，新的角蛋白不断产生出来，因此，指甲不断生长。指甲有保护手脚的功能，使手脚在活动时不致碰伤柔软的尖端。手指甲和脚趾甲生长的速度的确不一样，手指甲每天生长0.1毫米，脚趾甲每天只长0.05毫米。那么，为什么手指甲长得快呢？

指甲的生长速度受年龄、健康、季节和机械刺激的影响，经常摩擦就会使指甲生长速度加快。人一般用手活动的机会比脚多，所以，手指甲比脚趾甲损耗快，为了保护指尖，手指甲自然长得比脚趾甲快。同样的，右手的指甲长得比左手的快，而中指指甲长得最快，小指指甲长得最慢。指甲白天生长的速度比晚上快，夏天比冬天快，这就是说使用得越多，生长得越快。指甲留着不剪，它会按照一天长0.1毫米的速度不断地生长下去吗？不会的。因为指甲只

有在耗损、修剪的情况下才正常生长，如果一味地保护着不剪，指甲生长的速度就会放慢。

灰指甲对人体有害吗

得了灰指甲的人，原因有很多。如患有手足癣；长期与水或化学物直接接触；营养不良者；指甲受外伤或冲击，导致真菌侵入。

灰指甲不但自身可以传染，而且还可以间接传染给家人，还可以通过破损部位进入局部组织传染。灰指甲里面的真菌是肉眼看不见的经常向外界播散致病性真菌的传染源。灰指甲可随着搔抓，把真菌接种到身体其他部位，发生新的癣病；而且还能引起家人和旁人的癣病。现代医学研究证明，女同志患灰指甲可传染致阴部，形成真菌性阴道炎和白色念珠菌性阴道炎等难以治愈的妇科病。灰指甲病菌还可侵犯人体深部组织，引起深部组织和器官的感染，甚至危害生命。

拓展阅读

指甲的月牙白是人体的"安全环"。一个人，如果双手的安全环都非常小或者没有的话，那么说明他的身体抵抗能力非常弱，很容易生病。如果安全环很大，说明抵抗力好。从中医来讲，一个人手指甲上的月牙如果弧度大、光泽好，就表明此人的气血比较丰盛；如果月牙变小或逐渐消失，说明人体的气血衰退，身体状况不如从前。

为什么说手是大脑的"情报员"

如果把大脑比作人体指挥部的话，那么手就是大脑的最灵敏的情报员了。当我们进入一间黑暗的房间里，什么也看不见，一定会用手去边摸边走；当我们洗热水澡时，一定会用手去试一试温度是否合适；当病人生病时，大夫一定会用手去摸他的头是否热，用手去摸他的脉搏是否正常……总之，手是大脑的情报员。

为什么被扎了的手反应非常快

人的皮肤表面有许多神经末梢，对冷、热、痛等都有感觉。手被扎了，这个信息通过传入神经迅速告诉大脑，大脑通过传出神经告诉手收回来，免得继续被扎。这种信息传递速度非常快。所以，我们在刚觉得痛时，手就收回来了。

手是如何完成任务的呢

这要归功于手上的皮肤。手上的皮肤要比身体其他地方的皮肤敏感许多。特别是手指上的皮肤，它的神经末梢非常敏感。据统计，人的皮肤上，如果平均计算的话，每平方厘米大约有12～13个神经末梢是专门管冷的，1～2个管热的，100～200个管痛的。这些神经末梢不是平均分配的，比如在手指、脚底、嘴唇上就特别多，而手指是最多的。这些神经末梢把各种情报——冷、热、痛和碰到的一切东西的感觉传到大脑，大脑根据"情报"发出指令，来指挥身体的动作。

一个好的中医，能用手指摸出病人脉搏的细微变化，准确判断出几十种疾病；一个好的布匹售货员，把眼睛蒙上，只用手就能摸出上百种布匹的质量和名称。

有趣的指纹

早在100多年前，英国警官就发明了用指纹破案的方法。这种方法一直流传至今。犯下案子的罪犯往往最怕留下自己的指纹，因为在熟练的警官眼里，那无异于留下了罪犯的名字。

伸出手来，每个人的10个手指端上，都有花纹。粗粗一看，好像各人手上的花纹长得差不多。其实，这可是各人独具的人手一份的标记啊。这种奇妙的花纹叫指纹。仔细观察一下，你会发现指纹基本有3种类型：斗形，又叫箩，看上去像水中的旋涡；箕形，类似农村中用的畚箕；弓形，纹线像弯弓一样。有趣的是，世界上找不出指纹完全相同的人。而且研究遗传的人发现，指纹是一种多基因遗传，发生在胚胎早期，而且一旦形成，终生都不会改变。所以，在我们每个人的手上，都有一份属于自己的标记。早在2000年以前，人们就已利用指纹来鉴别一个人。我国的古人在订立契约时，就以按手印为凭证。

子女的指纹会与父母有许多相似之处。兄弟姐妹之间的指纹也比较接近。人们曾利用指纹来鉴定血缘关系，据说，这种方法竟帮助了不少失散几十年的亲人团聚。

手上的文章

人都有一双手，10个手指头。但若仔细观察一下，便可发现手上大有文章。一只手有8块腕骨、5根掌骨、14节指骨、59条肌肉和三大神经枝干，此外还有特别发达的血管系统。这些零部件的巧妙组合，使得我们的双手巧夺天工，灵活自如。在人的一生中，人们的双手几乎时时刻刻不安静。有人做过测算，除了睡觉以外，我们的双手一般总要屈伸指关节至少2500万次以上。真是一双闲不住的勤劳之手。

由于使用的不同，各人的手也是千差万别的。双手倒立的杂技演员的手掌特别宽厚，因为它要支撑全身的重量。据调查，我国一般成人女子手的周长通常为182毫米左右。一般来说，男子的手粗壮有力，女人的手小巧玲珑；青年人的手丰满结实，老人的手干枯起皱；体力劳动者的手比较粗短有力，音乐家的手指比较纤细瘦长。细心的人在与别人握手的瞬间就能体验出对方的不同情况。

另外，我们的手部只有极少但是珍贵的油脂分泌腺，所以会比其他部位更易干燥。

拓展阅读

几年前发现了一个罕见的无指纹家族。这家黄姓无指纹家族居住在台湾省新北市板桥区，现在三代同堂。父亲黄灯灶、儿子黄振添、女儿黄素丽及黄振添的子女黄忠保、黄雪娟，全都没有指纹。这个家族成员的十指都有一个共同的特征：十指平滑无纹，但右手大拇指掌心面的指尖中间，有三条平行而长约一厘米的"指纹"。他们虽然没有指纹，抓拿物件还是十分方便，触觉也和正常人一样。

人类的秘密

为什么说汗腺是人体的"空调器"

夏日里，滚滚的热浪常让我们大汗淋漓，这也成了许多人的苦恼。但面对出汗，人们却有不同的态度，有喜欢出汗的，也有拒绝出汗的。都说汗腺是人体的"天然空调器"，为什么有人多汗，有人少汗呢？

热天多汗也是病

都说胖人有福气，可胖人夏天最"受罪"，动不动就是一身汗，就连洗澡都会汗流浃背。尤其天越热人越懒洋洋，胃口也差了许多。吃饭没味道，好像只有多喝饮料，才能感觉到解渴。天热流汗是正常现象，是人体调节体温、散热的一种方式。但如果一个人动不动就出汗，气短，这是卫气不足、卫表不固的表现。如果出汗过多，则可能会导致一系列病理变化。

不要让你的汗腺失灵了

从顺应四季节律和生命规律出发，由于夏季新陈代谢旺盛，人体该出汗时就要出汗。如果人为地控制自己不出汗，反而会影响身体的正常机能。现在人们生活水平高了，长期养尊处优，缺乏体力劳动，远离热环境而少出汗，对高温的耐受力会下降，汗腺也会因长时间不用而"失灵"。

对于长期处于恒温环境中的人群，医生建议要多参加运动，并及时补充营养。尤其是一些上班族，白天工作忙碌，晚上又投入到健身、打羽毛球等运动中，过度流汗容易造成水和钾、钙、钠等元素缺失，这时，一定要注意及时补充，喝些运动饮料。记住，只有适量出汗才有益健康。

出汗量多少的原因

出汗多少是有个体差异的。首先，每个人汗腺的数量是不同的。汗液来自汗腺，汗腺数量多的人汗液自然分泌就比较多。另外，运动前如果大量饮水，也会增加出汗量。汗量的多少还和运动强度（负荷、速度等）有关。运动强度愈大，产热也就增多，出汗量也愈多。但是一个经常锻炼的人，因为肌肉与其他有关器官的机能都比较强壮和健康，虽然参加同样强度的运动，但表现得轻松自如，毫不费力，出汗很少；相反，不常运动的人对这样强度的运动，却感到十分艰苦，疲惫不堪。也可以这样说，运动的物理强度虽然相同，但每个人负担的生理强度不同，出汗量当然也会不同。

拓展阅读

　　有的人特别爱出汗，无论是夏天还是冬天，做点事，稍一紧张就满头大汗，有时还会莫名其妙的多汗，这可要留意了，有可能是一些疾病的外在表现。比如代谢性疾病引起的甲亢，怕热多汗是这一疾病的特征；还有一些疾病，像糖尿病的低血糖状态，或者冠心病疼痛缺氧状态，都会有多汗表现；另外，内分泌紊乱的原因也是有的，如更年期综合征。

　　多汗的原因有很多，尤其在夏天，大多数人相对会多出汗。如果遇到上述种种出汗异常之症，大家还是应该去及时检查，可别小视出汗问题。

↑ 大汗淋漓

人类的秘密

为什么
皮肤上会长"痣"呢

痣，在我们每个人的皮肤上都有，而且不止一个，有的在明处，有的在暗处。痣是一种常见的皮肤病，它的发展缓慢，一般不产生什么症状。通常所说的痣包含那些呈褐色、玄色的"色痣"和鲜红、紫红或暗红色的"血管痣"，以及青色的青痣等。

痣是怎样来的

人的身上会长痣和瘊子。这是因为在人体的皮肤里有很多种细胞，其中一部分细胞由于产生了错误的发育，人的皮肤上就长出痣或瘊子。痣和瘊子多数是由先天性血管瘤或淋巴管瘤引起的，也有因为皮肤色素沉着引起的。痣是由位于皮肤表皮和真皮交界处的黑色素细胞聚集而成的，因痣细胞的多少不同，可以高出皮面，可以与皮肤相平，大小不一，部位也不一致。可以先长后长，民间有母子痣之说，其实是没有科学根据的。痣

是由成簇的黑色素细胞或痣细胞形成的局限性的色素性斑疹、丘疹或结节。

你要知道每个人都会长痣

几乎所有人在儿童或青少年时期都会出现一些痣。痣有大的，小的；肉色的，黄褐色的或黑色的；扁平的或隆起的；光滑的，有毛的或疣状的。虽然痣很少会恶变，但约40%~50%的恶性黑色素瘤来源于痣中的黑色素

↓痣是人体正常的皮肤问题

细胞。由于痣常见，而黑色素瘤却不常见，为预防而切除没有必要。然而，当痣突然增大（特别是边界不规则时）、变深或有炎症，有点状色变、出血、溃疡或瘙痒及疼痛时，则需切除送组织病理学检查。

什么样的痣容易发生变化呢

虽然我们大多数人体身上都会有痣，但发生癌变的概率是非常小的。长在面部的痣，除了影响面部美观之外，其实没什么大碍。但长在掌趾、生殖器、甲下、手指、脚趾和黏膜上的黑痣要倍加小心，一定要注意避免刺激，因为反复过度地刺激，往往有转化成恶性黑色素瘤的危险。

去痣到底好不好呢

经常有人人为地摩擦、刺激痣，如用手抠、掐、抓或用不适当的方法治疗（如用电石、石灰水、强酸、强碱等化学剂腐蚀，以及用针挑治、冷冻等）。用了这些刺激性的物质不断地刺激痣从而发生恶变。痣发生恶变的主要原因是由于没能一次性把全部的痣细胞去除，以致残留的痣细胞增长、活跃。

知/识/链/接

什么是血管痣呢？血管痣是由真皮或皮下血管组织增生过度而形成的。血管痣常在出生时就有或出生后不久就产生，它多半产生在头部或面部，呈暗红或紫红色，大小不一，形态也各有所异，有的扁平，有的呈圆形海绵状，也有的呈蜘蛛外形。血管痣名称上令人害怕，实际它对人体没有什么危害，往往还会自行消散，但是假如呈现局部溃烂或出血的症状，则需要到医院进行手术治疗。

拓展阅读

"胎记"是由于真皮层里堆积了很多色素细胞所致，通常产生在新生儿的骶部和臀部。"胎记"不是什么疾病，而是人体的一种种族体特点的表现。出生不久的婴儿身上有胎记，大多数情况下属于正常生理现象。据对比研究，这是炎黄子孙的一个特殊标记，白种人和黑种人是没有的。随着孩子年龄增长，真皮内细胞沉积的色素逐渐减少，会自行消退。大约两岁左右完全消失，但少数可部分地保留终身。它不会给身体健康和发育带来不良影响，因为部位隐蔽，也不影响外观，不需采取任何治疗措施。

为什么
有的人脸上会长雀斑

雀斑是指发于颜面等处并散布在脸上的黑褐色的斑点。雀斑的斑点是遗传变异了的黑色素细胞形成的，变异了的黑色素细胞比普通的黑色素细胞大，树枝状突增多增大。树枝状突中充满了黑色素，在皮肤表面就显露出一个一个的黑点。变异了的黑色素细胞就像海洋生物海葵的母体，而树枝状突就像是海葵身上众多的触角。

雀斑名字的来历

很多人知道雀斑，但不知道为什么会叫雀斑，是不是跟麻雀有关系？单听这个名字的确是跟麻雀有关系，不过更准确地说是跟麻雀的卵有关系。雀斑俗称"雀子"，其由来"面部状若芝麻散在，如雀卵之色"，故称为雀斑。

皮肤顽固的"敌人"——雀斑

人类的皮肤基底层里都散布着一

定的黑色素细胞，黑色素细胞不断地产生黑色素，黑色素抵御宇宙中各种射线（主要是紫外线）对人体的伤害。由于皮肤中所含黑色素的多少不同，就有了黑种人、黄种人、白种人之分。

激光、冷冻、磨削等物理去斑方法是想通过机械作用破坏雀斑在皮下的结构，达到消灭黑色素的目的，但黑色素细胞是散布在皮肤的基底层，如果破坏得过深了，达到和超越了基底层，所伤害的部分就得不到正常修复，会形成疤痕。

而化妆品去斑的原理是利用化学成分来阻止黑色细胞产生黑色素，一般的去斑化妆品还含有一定量的皮肤剥脱剂，促使表皮尽快更新，达到去斑和减轻斑点色泽的作用。但由于雀斑同其他色斑的病理结构与成因是不一样的，所以现在许多对色斑有明显效果的化妆品对雀斑作用却很小。

你为什么会长雀斑

人体的经脉不通，导致瘀血内停，阻滞不畅，心血不能到达皮肤颜面、营养肌肤，而皮肤中的代谢垃圾、有害物和黑色素就不能随着人体的正常新陈代谢排出去，逐渐沉积就形成了雀斑。这也就是中医所说的脸上斑块，体内瘀块，有斑必有瘀，去斑必化瘀。色斑难以根治的原因在于普通药物无法直接深入病灶，难以将粘附在经络上像豆腐渣一样的脓性物质彻底清除。有色斑的患者，大部分都有一定程度的气血两亏的症状。雀斑多由肺经风热导致。从现代医学的角度说，皮肤黑色素细胞中的酪氨酸酶活性增加，在紫外线照射下，生成大量黑色素就是雀斑。

雀斑是怎么长出来的呢

雀斑是一种比较小颗粒、淡褐色或者是褐色的色素斑点，可以布满整个脸。眼睛周围、脸颊附近是最多的。雀斑通常是集结在一起而形成的，其中会有少数暗褐色的斑点混在一起。有人认为，脸上有雀斑无关紧要，甚至有人认为雀斑是可爱的代表，但是为什么会有雀斑产生呢？大家知道，人体肌肤内是需要黑色素的，因为它可以防止紫外线透过体内。一个女性肌肤内黑色素较多，但若是均匀分布的，她的肌肤上不会出现色斑点，只是她的肌肤比较黑而已;反之，若另一个女性肌肤内黑色素较少，但分布不均匀，那么她的肌肤上肯定会出现色素斑点，这就是为什么肌肤白皙的女性较容易长雀斑，雀斑更为显著之故。

雀斑和其他色斑一样对阳光非常敏感，受到强烈紫外线的照射，雀斑的数目就会增多，而且色泽也会逐渐变深。雀斑也是属于遗传性，亲子、兄弟姊妹间受遗传的很多，而且接近青春期时会明显地产生雀斑。

雀斑可以真正消除吗

目前真正可以消除雀斑的方法还没有，即使市场上说可以消除雀斑的产品，很多也都是假的。雀斑跟遗传因素有关，所以一定不会彻底消除的，除非这个产品可以改变人体基因，但是基因是无法改变的。所以在选择药品的时候要慎重，如果有一种药说可以彻底去除雀斑，那么这个药品就是假的。

拓展阅读

洗脸时，最好进行"双重洗脸"。即用卸妆水后，再使用洁面乳液，这才是正确的洗脸方法。护肤品最好在一个季节里就用完。否则其中含有的铅、粗糙油脂成分都对肌肤十分不利，导致雀斑出现。回家后要马上卸妆，而不是等到睡觉前才卸妆。每天涂抹防晒霜必不可省，同时还要兼顾美白护理，能净化、均匀肤色。每天用淘米水洗脸，淘米水中所含的成分可洗去脸上的污垢，其中的维生素B、维生素E也可帮助保持肌肤的滋润。方法是用洁面乳洗脸后，用淘米水按摩肌肤3分钟，再用温水清洗。每天坚持可预防雀斑的生长。

人类的秘密

为什么
运动后越喝水越渴

成年人体内的水分约占体重的70%，青少年儿童的比例则更高，可见水分在人体内所占的重要地位。如果一个人丢失水分达体重的4%以上，肌肉的工作能力就会下降；若失水量超过体重的10%，血液循环就会出现障碍；如果失水量超过了体重的15%，则会危及生命。因此，维持人体水的相对稳定具有重要意义。

身体如何保持"水平衡"

正常情况下，人体内水分大部分是从食物和饮料中摄取的，小部分是物质代谢氧化过程中产生的。水主要是通过肾脏和汗腺排出，其他还由肺及粪便排出。人体内水分的相对稳定就是靠摄水量及排水量的稳定实现的，这种平衡在生理上叫作水平衡。

血浆渗透压在维持水平衡中起着重要的作用。当体内缺水时，血浆渗透压升高，丘脑内渗透压感受器受到刺激，通过神经传递，引起脑垂体（人体一个重要的内分泌腺，能分泌多种激素）分泌抗利尿激素，而抗利尿激素使肾排尿量减少，从而保留了体内的水分，同时也产生"口渴"的信息。

你为什么会越喝越渴

当一个人大量排汗的同时，也会消耗大量的无机盐，如钠、钾、氯等。这时如果你大量喝水，就会使原来因为排汗降低的血浆里氯化钠的含量更低，造成血浆渗透压下降，身体反射性地开始增加排汗量。排汗量越多，血浆里氯化钠含量又会进一步减少，如此便形成了"恶性"循环，你就会觉得越喝越渴了。

因此热天运动后，建议喝一些含食盐（氯化钠）的水，0.5升的水加入1～1.5克食盐就可以了。另外，喝水时要"少量多次"，不要一次喝下大量的水。水的温度也不应过高或过低，最适温度是8～12℃。

↑身体为保持水平衡，不断"要求"水分

水对人体到底有多重要呢

水是人体的重要组成部分。儿童体重的4/5是水，成人体重的2/3是水。

水是人体的忠诚卫士。如：眼泪可以冲刷飞进眼里的尘沙；通过腹泻，可以排除不干净的食物。

水是不可缺少的化学兵。人体就像一座化工厂，各种营养物质通过氧化、还原或水解等化学作用后，被人体吸收和利用。

水是良好的润滑剂。泪水滋润眼球，唾液湿润口腔。

水是优秀的运输兵。水帮助淋巴昼夜不停地在人体内循环，将各种营养素运送到不同的内脏器官和各种组织，同时又将新陈代谢的废物携带到排泄器官而排出体外。

水是人体体温的调节者。人体就像一座熊熊燃烧的火炉，每昼夜能产生 2400~2700大卡的热量，这些热量能煮沸20升凉水。多亏了水的帮忙，它将热量不断运送到体表，通过呼吸、出汗和排泄等方式散发，才使人的体温正常地保持在37℃左右。

知/识/链/接

参加完中长跑或者进行了时间稍长的激烈运动后，不少人都会出现呼吸困难、心跳急促、动作迟缓、不愿再运动下去的感受。而如果此时有意识地调整步伐和呼吸的节奏，你会重新感到呼吸轻松，心跳自然，动作也有劲了。这个现象，生理学上叫它"极点"，后面的调整叫作"第二次呼吸"。

拓展阅读

"极点"现象，就好像一个工厂的生产车间机器运转得很快，但原料一时供应不上。运动时如果发生"极点"，只要有意识的深呼气，就会把血液内过多的二氧化碳排出去，减少血液中的酸度，减轻它对循环、呼吸中枢的刺激作用，很快就会变得呼吸通畅，心跳自然，肌肉也轻松有力，就出现了"第二次呼吸"。"极点"和"第二次呼吸"都是正常的生理现象。锻炼有素的人，"极点"出现较晚、较轻或不出现。

人类的秘密

为什么说伤口
在发痒就是快好了

很多人都有这样的感受，当你的皮肤因为手术或烫伤、烧伤而受伤后，在伤口开始愈合出现疤痕时，疼痛会明显减轻，但刺痒的感觉却接踵而来，尤其是出汗或天气变化时更会感到奇痒。

伤口要愈合时为什么会发痒

从人的皮肤结构来看，皮肤分为多层，在表皮的最底层细胞叫生发层，它的生命力很强，能不断地生长繁殖。如果是一般的小伤口，那么表皮损伤的浅伤口就是靠生发层长好的。因为伤口较浅，刺激不到神经，所以这种伤口愈合时一般不会有痒的感觉。如果伤口很痒，那通常都是深达真皮的伤口。这是因为较深伤口的愈合是由一种新的组织补上去的，这种新的组织叫结缔组织。而人体各组织的再生能力也不一样。神经组织的再生能力较低，在伤口愈合中出现较晚，一般在神经快长好的时候，

也是伤口快长好的时候。这时新生的神经末梢和血管已经长进了结缔组织，局部知觉也逐渐得到恢复，所以，此时伤口就会发痒。

伤口留下的疤痕为什么也会发痒

疤痕，是伤口长好后留下的痕迹，如疮疤、伤疤等，呈白色或淡白，光滑，质地坚硬。为什么伤口都成了疤还是会痒呢？这是由于处在增生期的疤痕组织对周围环境的物理化学因素相当敏感，外界一有变化时疤痕便会出现痛和痒的反应，其中以刺痒尤为明显。特别是在大量出汗或天气变化时，刺痒常常到非抓破疤痕表皮见血才罢休的程度。

那么，为什么在大量出汗时疤痕就会出现奇痒呢？这是因为汗液是由水、氧化钠、氯化钾、蛋白质及尿素等成分组成的。出汗时疤痕被汗液浸湿，汗液中那些化合物就会刺激疤痕内敏感的神经末梢，于是就产生了疼痛和奇痒的感觉。

神奇的世界

第四章

五官——身体健康的窗户

你知道吗？人体所获得的资讯，80%来自视觉；两眼所见视野为200度，视网膜的厚度只有0.2毫米；肉眼可以识别的颜色约有160种；如果30厘米内的事物愈看愈吃力，就是老花眼；泪液分泌量一天约为1毫升；眨眼的次数一天多达2万次；鼻子可以分辨的味道有2000～10000种；在一张邮票大的面积上，密布着500万个嗅细胞；鼻水每天都会流出1升；喷嚏的速度为时速160千米；唾液分泌量为一天1～1.5升；味蕾约有1万个；用餐过后20～30分钟才会产生饱足感；牙齿的硬度为7～8度；咬合时白齿的力道高达50～70千克；磨牙的力道有90千克；耳朵的温度，最热也只有29℃；东方人的耳垢通常是干的；鼓膜的厚度为0.1毫米。

为什么
没有一模一样的脸

脸是人体的五官集合地。不管你见到谁，首先注意的往往是脸。只要你一看这张无字的"名片"，你心中就有数了。每个人的脸都不一样。在学校的班级里，几十个同学，没有两张脸是一样的。双胞胎的脸可以说是相像极了，但仔细看来还是不一样。因此，人们断言，世界上根本找不出一模一样的脸。

人脸为什么会有不同差异

人脸之所以千差万别，不光是因为五官大小、形状和位置不一样，还因为脸的整体形状彼此不同。人类学家把人的脸形分为10种：椭圆形、圆形、卵圆形、倒卵形、方形、长方形、菱形、梯形、倒梯形和五角形。另外，由于人种的不同，皮肤有黑有白，头发有直有曲，有黑、黄、棕、白之分，再加上面目上的斑、痣等，就构成了千差万别的脸。

科学家们给典型的中国人画了一张脸：头发较黑、较直，面部扁平，额骨突出，形状似鹅蛋，面色多为浅黄或棕黄，丹凤眼，鼻子扁平，嘴巴不前突。有趣的是，人无论长到多大岁数，都可以在他脸上找到幼年的痕迹。一位学者拿出英国哲学家罗素4岁和90岁的照片，熟悉罗素脸部特征的人，一下子就能从他老年的照片上，发现他幼年时的影子！

人人都有的6种基本表情

人们的脸虽然不一样，但是不同

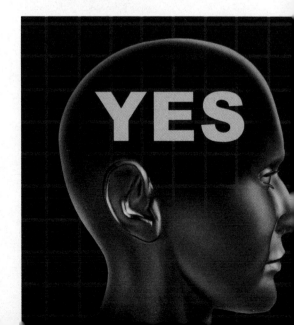

人的面部表情与大脑相关→

半边脸总比右半边脸漂亮，不信你就仔细观察观察。

大脑识别你的面部表情

人类最基本的六种面部表情经过进化后都各具特色，极易被大脑区分。而面部表情的进化与大脑对其"解码"的能力的发展几乎同步。研究人员做了一个实验：10名志愿者按性别被分为两组，每组5人。实验中他们被要求分别对印有10种不同表情的图片进行识别，他们用扫描仪对实验过程中志愿者脑部活动进行监测，以确定大脑不同区域对各种表情的识别速度。

结果表明，在图片被展示出的最初140毫秒至200毫秒期间，左脑和右脑的信息处理机制均独立开始运作，而注意力的重心，首先是眼睛，而后才是其他面部器官，最后又会聚焦在与表达基本情绪相关的其他部位。例如，因恐惧而圆睁的双眼或是因喜悦而微微上扬的嘴角。

国家和地区的人，却都具备6种基本面目表情，那就是高兴、悲伤、惊愕、愤怒、害怕和厌恶。而据科学家的研究，人的面目表情，左边要比右边表现强烈。无论哪种性格的人，面部表情都是从左侧开始，而且左右是不对称的。因此得出结论，看一个人，左

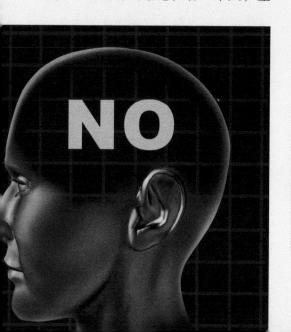

拓展阅读

英国格拉斯哥大学的研究人员日前发现，人类面部表情的进化与大脑对其"解码"的能力的发展是同步的，人脑通过识别面部表情信息判断情绪状态的时间仅需200毫秒。人的面部表情变化被大脑识别后，才能进行各种社交判断的过程。

一觉醒来为什么会长眼屎呢

当我们早晨起床对着镜子洗漱时，就会发现眼睛的内眼角上总是会有些眼屎，有时多一些，有时少一些。你是不是会很奇怪，我睡前都已经把脸洗干净了，而睡的时候眼睛也是闭上的，为什么还会有眼屎呢？

眼屎是如何形成的

原来，在我们的眼皮里有一块像软骨一样的东西，它叫"睑板"。"睑板"里整齐有序地排列着许多睑板腺，上眼睑30～40个，下眼睑20～30个。这些腺口在眼皮边缘、靠近眼睫毛的地方，睑板腺会随时分泌一种像油脂一样的液体。白天这些油脂随着眼皮的眨动来到眼皮边缘，保护着我们的眼睛，对内它可以防止起润滑作用的眼泪流出眼外，对外又可防止人的汗水混合着细菌进入眼内。但是人睡觉的时候，眼睛就一直在闭上的状态中，而油脂仍然在不断分泌，这样积累起来的油脂和白天进入眼睛里的灰尘以及泪水中的杂质混在一起，跑到眼角就形成了眼屎。

正常的眼屎分泌量

正常的孩子，2～3个月大时，早上醒来眼睛可能出现眼屎，这是因为这个时期眼睫毛容易向内生长，眼球受到摩擦刺激就产生了眼屎。一般1岁左右，眼睫毛自然会向外生长，眼屎便渐渐少了。而有时候眼屎多，还因为平时喜欢吃鱼、虾、肉等热量高的食物，较少食用水果、蔬菜等引起，这时不光是眼屎多，还伴有怕热、易出汗、大便干燥、舌苔厚等症状。治疗的最好办法是改变不良的饮食习惯，多喝水，多吃清淡的水果蔬菜，必要时遵照医嘱服一些清热泻火、消食导滞的中药。

眼屎"说"出你的眼睛问题

眼睛没有毛病的人眼屎很少，甚

至见不到。可是有的人睡醒后眼角都是眼屎，眼屎太多的时候，甚至把眼睫毛都粘住，使眼皮不容易张开，有时白天的眼屎也很多。这是怎么回事呢？

原来，当眼睛受到病菌感染时，会产生一系列的炎症反应。这些病菌刺激了睑板腺，促进了油脂的分泌，使眼睑上和眼角里的油脂分泌增多。与此同时，眼睛里的血管扩张了，血液中的白细胞聚集到了一起，共同杀灭外来的病菌，这些被杀死的病菌残骸以及在战斗中"光荣牺牲"的白细胞都混到了眼屎里，这样一来，眼屎不但增多了，有的还呈黄白色。因此，当患有沙眼、结膜炎或其他原因导致眼睑结膜发炎时，眼屎都会增多。

拓展阅读

爱美之心，人皆有之。但大家在爱美、赶潮流的同时，万万不可忽略美瞳的质量。有些劣质美瞳会使眼角膜永久染色，消毒不干净的美瞳还可能导致沙眼、乙肝等疾病的传播。同时，劣质美瞳也会影响眼角膜的呼吸。如果眼角膜长期处于缺氧状态，眼睛就会充血、肿痛、流泪、分泌物增多，引起细菌感染，出现溃疡、糜烂等症状，严重时还会导致眼角膜穿孔，甚至眼球坏死。

83

第四章 五官——身体健康的窗户

↓人的眼睛应注意不要过度妆饰以防发生眼疾

眼睛
——心灵的窗户

我们都知道眼睛是人的视觉器官。眼睛除了作为视觉器官以外，还能表达人的丰富情感。正如人们常说的"眼睛是心灵的窗户"。眼睛之所以能传神，实际上是通过瞳孔的扩大和缩小，眼球的转动、眼皮的张合程度以及目光凝视久暂来体现的。

为什么眼睛是心灵的窗户

我们的眼睛就像一架活的照相机。眼的主要部分是眼球，眼球中包括晶状体、玻璃体和房水，这些物质都是透明的。其中晶状体就像双凸透镜，有弹性，并且可以自己调节曲度。

从一个人的眼睛中，可以看到这个人五脏六腑的整体状况。从中医的角度讲，人的瞳孔代表着肾；外面一圈黑眼珠，代表着肝；白眼珠，代表着肺；内外眼眦代表心；眼皮代表脾。通过一双眼睛，就把人体的五脏

全看到了。

眼睛是怎样"说话"的

人的思想情绪和瞳孔的变化关系密切。令人厌恶的刺激能使人的瞳孔收缩；而令人欣快的刺激会使瞳孔扩大；恐慌或兴奋激动时，会使瞳孔扩大到平常的四倍，因此，瞳孔的变化是中枢神经系统活动的标志。

眼球的转动也可以显示正在进行的思维活动。如两人交谈时，眼球比较稳定，很少转动，说明他态度诚恳；如果目光游移闪烁，说明他暗藏打算。

眼皮的张合程度一般能反映出人的精神状态。沮丧懊恼会使人耷拉眼皮，与人交谈半闭双眼是轻狂傲慢、目中无人的表现。

眼睛所能运用最重要的技巧就是凝视。凝视是作为与人交往的一种手段。陌生人之间应尽量避免互相盯视。对敌人怒目凝视体现的是威严；家长对犯错误的孩子凝视可使孩子不敢撒谎；朋友之间的凝视表达的内容

你的眼睑为什么会跳？眼皮抽搐被认为是一种令人讨厌的普遍现象。然而并没有多少人真正了解这种现象。虽然没有炎症的神经也能引起眼皮跳，但是这种现象更常见于下眼睑，并不是上眼睑。专家知道，过度疲劳、压力和咖啡因都可增加眼皮跳的可能性。但是他们并不清楚是否眼部疲劳、营养不良、饮酒过量等也能产生相同结果。不过幸运的是，眼皮跳一般都是良性的，通常会自然消失。少喝咖啡，少饮酒，晚上饱饱地睡上一觉，彻底放松眼部和身体，都能终止令人讨厌的眼皮跳。

就更丰富了，因此，人们常说"会说话的眼睛"。

为什么不能使劲用手揉眼睛

用手揉眼睛的害处很多。人的手上常常沾着不少灰尘、细菌、病毒等不干净的东西。用手揉眼睛的时候，就会把它们带进眼里。灰尘会磨破眼结膜；细菌会繁殖生长，而眼睛里的眼球部分非常薄弱，当你用手揉眼睛的时候，眼里的灰尘就会与眼球摩擦，容易损害眼球，引起眼睛发炎。最好的方法是闭上眼睛一会儿，让泪水把小灰尘冲出来。

如何让眼睛更明亮

所有富含维生素A的食物都有明目的功效。维生素A能够滋养视网膜的神经细胞，有助于保持健康视力。维生素A摄入量不足的人最容易罹患眼疾。1913年，人们认识到之所以牛肝能明目，是因为动物肝脏中存在着一种有效成分，它能溶解在油脂中，这个"功臣"就是人类发现的第一种维生素，因此被命名为维生素A。除胡萝卜以外，很多红色、黄色、橙色或绿叶蔬菜，包括甘薯、甘蓝、芒果和番木瓜果都富含维生素A。鸡蛋和动物肝脏也是补足维生素A的好原料。

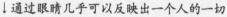
↓通过眼睛几乎可以反映出一个人的一切

人老珠黄
——人的眼珠会变色吗

大家一定听说过"人老珠黄"，那这个成语到底是什么意思呢？在现代汉语词典里，人老珠黄的意思是说，人衰老而不被重视，就像年代久了变黄的珠子一样不值钱。尤其比喻女子。也泛指人老了不中用。

人老了为什么会"珠黄"呢

从养生学来说，人老了眼睛一定会呈现出"珠黄"。这里的"珠"可不是词典里所说的珍珠，而是指眼珠。那么，为什么人到老了，眼珠就发黄了呢？现代医学认为：人的眼球表面有一层薄薄的透明膜层，叫结膜。在长期受到紫外线、粉尘等污染之后，就产生色素沉着等不良反应。色素在结膜层集聚成块状黄斑，从表面上看，白眼球出现微微凸起的暗黄色物质，黑眼球变得更加浑浊。人类受到外界环境刺激是日积月累的，老年人更容易产生结膜色素沉着现象，因而，也就有了"人老珠黄"一说。

人体的照相机——眼球

人的眼球就好比一部照相机，眼球内的视网膜就如同相机的底片。而眼球的角膜和水晶体就和相机的透镜一样，有聚焦的作用。正常的水晶体大约有一厘米的直径，如同一颗小花生米，只是它是呈扁平状，而且是透明的。一旦年龄增加，水晶体透明度便降低，慢慢变得浑浊，呈现乳白色，再严重一点便因水晶体中间核质部分老化而变成黄色，也就是俗称的"人老珠黄"。

眼球——人体内配合最好的器官

人身上有很多成对的器官，它们互相配合，十分默契，完成了许多动作。如，我们一只手捏着钉子，另一只手挥动锤子，就会把钉子钉进木板

人类的秘密

里。一只脚站在地面上，另一只脚就可以把一个石块踢走。但是，假如它们各行其是，那可就出了麻烦。那么人身上什么器官配合得最好呢？回答是两只眼球，它们之间的密切合作是无可挑剔的。如果一个眼球朝上看，那么另一个决不能朝下；一个朝右看，另一个就决不能朝左，它们这种步调的一致性堪称身体器官之最了。原来，牵动每个眼球的有6条肌肉，它们都受大脑的统一指挥。当大脑发出指令"向右看"时，右眼的外直肌和左眼的内直肌就拉紧，而右眼的内直肌和左眼的外直肌就放松，从而使两个眼球都向右转。因此，人们的眼睛虽然有两只，但由于密切合作，形影不离，所以看物体时总是一个。

为什么人的眼珠颜色不同

东方人是黑眼珠，西方人是蓝眼珠，这是人们所共知的。那么，为什么种族不同的人，眼珠的颜色也会不同呢？

这要从眼球虹膜的结构上来谈。科学家研究发现，人类眼球的虹膜由五层组织构成。它们是内皮细胞层、前界膜、基质层、后界膜和后上皮层。这五层组织中，基质层、前界膜和后上皮层中含有许多色素细胞，这些细胞中所含色素量的多少就决定了虹膜的颜色。色素细胞中所含色素越多，虹膜的颜色就越深，眼珠的颜色也就越黑；而色素越少，虹膜的颜色就越浅，则眼珠的颜色就越淡。色素细胞中的色素含量与皮肤颜色是一致的，并且与种族的遗传有关系。

东方人是有色人种，虹膜中色素含量多，所以，眼珠看上去呈黑色；西方人是白色人种，虹膜中色素含量少，基质层中分布有血管，所以，看上去眼珠呈浅蓝色。

眼睛的颜色是人体最重要的体貌特征，但科学家日前表示，眼睛的颜色是可以改变的。

科学家指出，决定人眼颜色的是眼球虹膜前部的基质中的黑色素，黑色素含量越多，人眼的颜色就越深，反之越浅。而基质中的黑色素含量在通常情况下是终生保持不变的，除非某些异常情况发生导致它发生永久性的改变。导致人眼睛颜色变化的关键就是遗传基因和外伤。

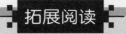

拓展阅读

为什么有人分辨不清红绿呢？这就是色盲，是一种先天性的遗传性疾病。在人眼视网膜上有能感受红、绿、蓝三种基本颜色的细胞。有的人视网膜上缺乏能感受红色的细胞，就是红色盲；不能分辨绿色的是绿色盲；这三种都不能分辨的叫全色盲。

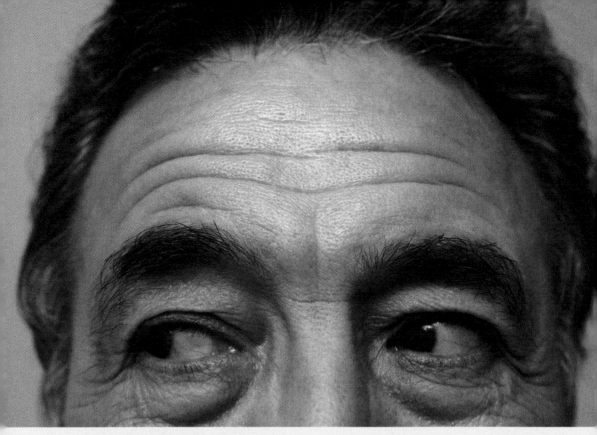

↑人老珠黄是因为体内结膜色素沉着

眼睛"喜欢"绿色

外界的物体有各种各样的颜色，让人赏心悦目。当我们到了花团锦簇的公园，我们的眼睛就被那五颜六色的鲜花吸引去了，似乎看也看不够。其实，过分鲜艳的颜色只会使人大脑兴奋，而不受眼睛的欢迎。经科学家研究表明，眼睛最偏爱的颜色是绿色。

因为，各种颜色对光线的吸收和反射是各不相同的，红色对光线的反射是67%，黄色是65%，绿色是

47%，青色只反射36%。由于红色和黄色光线反射比较强，因此容易产生耀光而刺眼。而青和灰色、黑色对光线的反射较少，显得很暗，使人看起来有一种沉闷感。只有绿色，对光线的吸收和反射比较适中，人体的神经系统、大脑皮质和眼睛里的视网膜组织比较适应，很受眼睛的欢迎。

当你在紧张的学习或工作之后，站在窗前眺望一下远处的树木，紧张的神经就会顿觉松弛，眼睛的疲劳感也就消失了。因此，人们又把绿色称作眼睛的保护色。

眼睫毛
——不只是美化眼睛

眼睫毛，是生长于睑弦的排列整齐的毛发，有阻挡异物、保护眼珠的作用。细长、弯曲、乌黑、闪动而富有活力的眼睫毛对眼型美乃至整个容貌美都具有重要的作用。

美丽的眼睫毛保护着你的眼睛

人和其他动物的眼睫毛并不完全一样。蜥蜴的"眼睫毛"就与众不同，是一排整齐而又向外伸出的鳞片。许多人认为长、密、黑的眼睫毛显得美丽动人。但眼睫毛的生理功能并不仅仅在于防范尘土落入眼内。骆驼的眼睫毛很长，可达10厘米。如果不这样，就难以阻挡沙漠里的光照和风暴的伤害。

假如眼睫毛向眼球方向生长，则会触及眼球，引起流泪、疼痛，日久可导致视力衰退。倒睫常由各种眼病引起。有了倒睫要积极治疗。预防倒睫主要是注意用眼卫生，以防眼病。

眉毛与你的眼睫毛

弯弯的眉，柳叶般的眉，剑眉，蛾眉，长而上翘的眼睫毛，又浓又密的眼睫毛等等，都是用来描写眉毛或眼睫毛的。人的眼眉和眼睫毛除了修饰眼睛、增加眼睛的美观外，还有什么作用呢？

眉是眼睛的"卫士"，它能把从额部淌下的汗液引开，起分流作用，使其不致顺流而下浸渍眼睛。眼睫毛呢？它的反应是"闪电式"的，当外来物体一碰触眼睫毛，就在那1％秒时间内，它就可传递触觉，引起闭眼反射，使眼球不受外来物的侵犯。另外，眼睫毛还能防止紫外线直接照射眼睛，避免因紫外线直射而致疾的危险。

眼眉和眼睫毛不光构成眼睛上的两道风景线，也共同构成眼睛的第一道防线。它们能挡住空中落下的灰尘和小虫，不让它们碰伤眼睛；当脸上出汗或雨水落到脸上时，也会乖乖地让它们避开眼睛。尽管眉毛和眼睫毛都很细小，它们却在恰当的岗位上，各自发挥自己的功能，是人体不可缺

↑眼睫毛保护着眼睛

少的一部分。读者们可不要小看它们，而应注意保护，不要随便去拔，也不要用剪子去剪，让它时刻为眼睛站岗。

眼睫毛是如何生长的

人眼的眼睫毛数，上睑为100～150根，下睑约为5～75根。它长约6～12毫米。通常，儿童期的眼睫毛长，弯曲，好看。眼睫毛是不断更新的，它的平均寿命只有3～5个月。脱落后1周左右即可长出新的眼睫毛来，10周后达到最长度。

眼睫毛和头发、眉毛一样，是有一定的生长周期的，因此常常会有一些

被新陈代谢掉，从而脱落，这是正常的现象。此外一些不良习惯也可以导致眼睫毛脱落，如经常揉眼睛、使用眼睫毛夹甚至烫眼睫毛等。如果感觉到眼睫毛脱落得比较明显，可以先避免这些诱发的因素，包括涂眼睫毛膏。

拓展阅读

眼睫毛与眉毛的健康生长原理，其实与头发是一样的，那就是都需要补充足够的营养，而维生素A与维生素D是人类生长发育所必需的物质。学医的人也许会告诉你，只要坚持用维生素AD复合剂，也就是通常所说的鱼肝油涂抹眼睫毛或眉毛，就可以有助其在短期内增长。

人类的秘密

90

泪腺
——制造眼泪的源泉

据美国"科学现场"近日报道，简单的一眨眼，整个眼球表面都会发生变化。眨眼时，在大约1/4秒的时间内，眼泪会进入眼眶，漫过眼球表面，留下全新的薄薄的"泪层"。可以说，每次眨眼都会形成泪。

泪为什么会如泉涌

美国特拉华大学的卡拉·玛基指出："每眨一下眼睛，就如同刷子在墙上涂上了一层涂料。"研究发现，眼球表面有一层"水状薄膜"，其主要作用是保护眼球不受灰尘等污染物的伤害。通常情况下，这层薄膜处于相对稳定的状态。当泪腺生成新的眼泪时，薄膜刷新，同时，多余的眼泪通过泪道进入泪囊，再经鼻泪管流入鼻腔排出。如果眼泪连续形成，大量的泪水就会流过眼球，并夺眶而出，形成"泪如泉涌"的情况。 这一成果将对治疗干眼症起到推动作用。

眼泪为什么是咸的

泪水里含有什么呢？为什么给人的感觉是苦涩的、咸咸的？科学家们用微量分析法揭开了这个生理学上的"谜"。原来在人们的泪水中，99%是水分，1%是固体，而这固体里有一半多都是盐。

泪水里有盐？这些盐分是从哪里来的呢？原来，每个人的眼睛里都有制造眼泪的"小工厂"，人们给它取名叫"泪腺"。它就"坐落"在眼球的外上方，像小手指头那么大。每天，这座"小工厂"都不停地制造着泪水。你一定想不到吧，眼泪是以血为原材料，由泪腺加工后"制成"的。盐在人体里分布很广，而血里就有盐的踪迹，所以泪水里很自然地就含有了盐。盐在泪水里占0.6%的量，所以眼泪是咸味的。

眼泪对眼睛有什么用处呢

我们眨眼的时候，眼泪会均匀地涂抹在眼球上，对眼球起着湿润的作

←眼泪由眼球
夺眶而出

用。眼泪还能冲刷掉眼球表面的脏东西，起着清洁作用。黑眼珠之所以能看起来水汪汪的，也是泪水的功劳。泪水里不仅含有盐，还含有能够溶解细菌的酶，起着杀菌和轻微消毒作用。

乐极为什么会生"悲"

当你非常快乐，兴奋得哈哈大笑时，或者听到一个十分可笑的笑话，笑得气都透不过来时，你会发现自己笑得满眼是泪——乐极生"悲"。哭能出眼泪，笑也能出眼泪，原因何在呢？

其实，眼泪是经常分泌的，它时时刻刻在眼球表面流动。平时，在你一眨眼的一瞬间，你流出来的眼泪就被鼻泪管吸走了，鼻泪管虽然又细又短，却是眼泪通往鼻腔的唯一要道。人在大笑的时候，一方面眼皮扩张，排出眼泪；另一方面，由于面部肌肉收缩，压迫鼻泪管，使其堵塞，于是泪水没有地方去，只好从你的眼里流了出来。

"男儿有泪不轻弹"

有句话说"男儿有泪不轻弹"。这句话其中包含一些不为人知的道理。人为什么要哭泣？哭泣的原因有两种：一种是情感性哭泣，另一种是疼痛性哭泣。泪水是分布于眼凹的泪腺所分泌的物质。当我们受到外界不愉快的刺激时，便会很快哭泣起来。或者因过于兴奋也会流出泪，这都是情感性哭泣的泪水。

有位心理研究家潜心钻研人类哭泣，对数百位成年人进行调查发现，女性容易多愁善感，在一个月内平均哭泣次数可达5.3次，男性则少于1.4次。显然男儿是"有泪不轻弹"的，这一方面是与他们的性格心理因素有关。另外，女性哭泣的主要原因可归咎于人际关系，例如当她们告别心爱的人时，就会情不自禁地潸然泪下，而男性常常会因为"有泪不轻弹"的原则而压抑自己的感情流露。越来越多的证据表明，人类对流泪的认识有了巨大的深刻的变化，它是多种激动反应中的一种自然生理现象。精神病学家曾对健康人与患溃疡或肠炎的病人进行研究，发现前者平时较易哭泣，因而不容易患上这些与紧张因素有关的疾病。哭泣还是一种情感宣泄，大哭之后的人都有"大哭一场，心情舒畅"的感觉。

鼻子
——身兼数职的"清洁工"

站在镜子前，你可能会注意到自己的鼻子高不高，美不美，却很少考虑到它的功能。鼻子是用来呼吸、闻气味的，它甚至可以分辨出2000至4000种不同的气味！除此以外它还具有过滤、清洁、加温、加湿、共鸣、反射、解除疲劳、免疫、保护头颅、排泄眼泪等作用。

鼻孔为什么是黑色的

空气进入鼻腔，鼻毛是阻挡空气中灰尘的第一道关口。又粗又硬的鼻毛就像一排密集的防沙林，当空气从鼻毛中穿过，较大灰尘微粒或微生物就会被阻挡。因此，每次大扫除后，你会发现所有人的鼻孔都是黑的。鼻黏膜是鼻孔里的第二道关口。鼻黏膜能分泌一些糨糊似的黏液，把第一道关口的"漏网之鱼"粘住。有趣的是黏膜细胞上有很多较细的纤毛，它们不断地摆动，像一把扫帚，把黏膜粘住的脏东西扫向鼻孔。有时一些大粒的灰尘也会偶尔闯过两关跑到鼻子深处。这时会触动里面的神经末梢，打个喷嚏就把那些灰尘驱逐出境了。

带着"加湿器"的"清洁工"

鼻子是个好清洁工，它同时还干着"加湿"的工作。鼻子每天分泌大约1.3升水分，其中大部分是黏液，

↓打喷嚏一定要捂住嘴巴

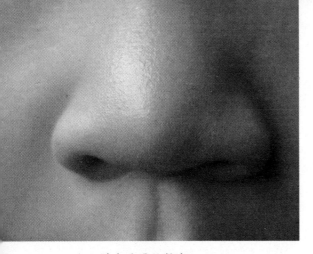

↑人的鼻子用处很大

它们由鼻子通道上的海绵状红色黏膜产生。为吸入的空气"加湿"这项任务由3片布满血管的鼻甲完成，这3片鼻甲像一排"暖气片"，使吸进的冷空气温度上升，再进入肺部，保护肺部不致受寒。黏液中还有一个"小卫士"叫溶菌酶，能将活力强的细菌牢牢控制住，不准它们起破坏作用；对活力差的细菌，溶菌酶就干脆把它们溶解掉。当鼻腔吸入大量细菌时，血液中的白细胞就会奋不顾身地冲上去，把细菌消灭掉。当身体抵抗力下降时，大量的白细胞就会战死"疆场"，一旦鼻子中流出黄鼻涕，就说明有细菌感染，鼻子发炎了。

由鼻子也可以看出你的健康

根据科学家们的研究，从一个人的鼻子，大致可以看出这个人的健康情况。如果一个人的鼻子很硬，那么他很有可能患有动脉硬化症，标志着胆固醇太高，心脏脂肪累积太多；如果一个人的鼻子发生肿块现象，这可能象征着他的胰脏或肾脏有毛病；假如一个人的鼻尖发肿，很可能他的心脏也发生了炎症或扩大；红鼻子表示心脏和血液循环发生毛病；鼻子带有棕色、蓝色或黑色，表示脾脏和胰脏有病；如果鼻子上发生了黑头面疱，表示他吃的乳类和油性食物太多了。

为什么打喷嚏要捂住嘴巴

有人统计，一个喷嚏要喷出1万到2万个飞沫，喷出的细菌有10多万个。有人曾检查一位感冒患者，他打的一个喷嚏竟喷出8500万个细菌。有位科学家还用特殊的方法拍下了打喷嚏的照片，发现打喷嚏时喷出的小飞沫的速度竟达到每秒46米！相当于飓风的速度。喷射的距离可达3.5米。这些小飞沫可在空气中悬浮十几个小时，传播着流感、百日咳、肺结核等疾病。如果一个患流感的人在一个中等房间里打一个喷嚏，会使屋里所有的人都不同程度地患上流感。所以，当你要打喷嚏时，一定不要忘记用手帕捂住嘴巴，更不能冲着人去打，以防病菌漫天飞舞，去感染别人。换言之，就是不让喷嚏显出它的"威力"。

拓展阅读

人的口腔或呼吸器官内的分泌物增多，受到某种刺激后会大声打起喷嚏，形成像雾一样的飞沫，飘浮在空气中。这种飞沫内含有大量的细菌。

耳朵

——人体最好的"收音机"

　　耳朵是人体的听觉器官，它像一部奇特的收音机。外耳就像收音机的天线，中耳相当于收音机的传声装置，内耳则是收音机感受声音的地方。

我们是怎么听到声音的呢

　　中耳负责把外界声音传入内耳。在外耳道底部，是一个椭圆形的薄膜，在声波的作用下，能产生振动，它的名字叫鼓膜。鼓膜往里是一个小房屋似的鼓室，里面住着三块听小骨。这三块负责传声，还兼做放大声音的工作。

　　内耳是耳朵最里面的部分。其中，有像蜗牛壳那样的耳蜗，这是接收声音的地方，里面有听觉感受器和耳蜗神经。当外界声音由外耳道振动鼓膜时，声浪就让耳蜗内的淋巴液振动起来，从而传入大脑的听觉中枢。于是，我们脑袋上的天线就把声音接收进了内部，我们便听到了声音。

你知道你右耳的秘密吗

　　想向对方提的要求获得满足，就对着他的右耳说吧！意大利科学家发现，人类右耳"耳根更软"，更容易听从意见，执行命令。

　　心理学家卢卡和同事们选择了3家咖啡厅作为观察点。在第一家咖啡厅，研究人员发现，286名顾客在嘈杂的背景音乐声中交谈时，72%的人用右耳倾听。之后，研究人员分别接触160名咖啡厅顾客，先低声咕哝几句引起对方注意，然后等待对方回头或侧耳听，再提出要根烟。结果发现，58%的人侧

↓没有耳朵，什么都听不见

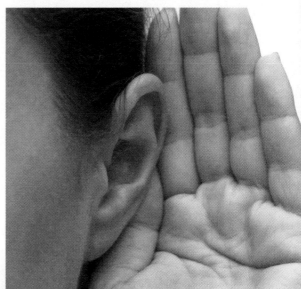

根据英国皇家全科医师学会的一项研究，人从生到死，外耳一直都在生长。按照比例来说，刚出生时耳朵与小小的凸起物相比，它是人体最大的特征。10岁以前外耳生长迅速，10岁后生长速度放慢，每年大约长0.22毫米。其他研究显示，一生中耳垂也一直在生长，而且男人的耳垂比女人的更长。然而由骨骼和软骨构成的耳道在晚年会停止生长。

右耳，42%的人则"伸长"了左耳。其中，女性则更明显地表现出对右耳的"偏爱"。最后，研究人员向顾客讨要香烟时有意识地靠近他们的左耳或者右耳，结果从右耳倾听者处得到的香烟明显多于左耳倾听者。

这一系列试验显示，人类大脑对双耳听到的声音处理方式不同，右耳接收到的信息被优先处理，接收到的命令更易获执行，这就是"右耳优势"。

为什么我们会更偏向于右耳呢

即使人的双耳都受到声音刺激，人们还是更喜欢用右耳倾听，进入右耳的音节被左脑半球优先处理。为什么会是这样呢？这是因为左脑半球更具逻辑性，更善于解码口头信息。而卢卡也说"这些结果与左右脑半球的不同分工一致"。人类左右脑半球分别负责积极与消极的感情与行为，

因此对着右耳说话，话语就被传送到大脑中更"顺从"的部分。

为什么说"耳屎贵如金"

有些人总喜欢眯着眼，拿火柴梗、牙签等东西，在耳朵里挖来挖去，甚至恨不能把"耳屎"掏得一干二净。其实这是错误的，因为耳屎是保护耳朵的佳"药"。我们所谓的耳屎，在医学上有个大名叫"耵聍"，它是耳朵的外耳道分泌的一种油脂，是保护耳朵的一道防线。耳屎的味道很难闻，又是油乎乎的，如果有好奇的小虫子想进耳朵内去探探险，耳屎就会请它们尝尝特有的味道，把小虫吓退；而灰尘一钻进耳朵，就会被这些油脂粘住，不能翻身。所以把耳屎挖得干干净净，无异于打开了方便之门，让小虫、灰尘长驱而入。其次，耳屎还能防水，保持耳道干燥。

不要刻意挖耳屎

一般，耳屎到一定时候会自动掉出来，不需要特意去挖。人们挖耳的用具一般都不够卫生，这会使耳朵的外听道染上细菌，发肿化脓。而最可怕的是，一不小心，戳破了耳朵里面的鼓膜，轻者会发生中耳炎，引起听力减退，重者就会变成聋子！

因此，别看人们为耳屎起了一个不干净的名字，它的作用却太重要了，无怪有的医学家说"耳屎贵如金"呢。

嘴唇
——人体最"脆弱"的部位

嘴唇，是人脸部重要的一部分，口腔的美观，直接由嘴唇来体现，因此，我们一定要保护好我们的嘴唇。

◆ 人体最脆弱的部位——嘴唇

嘴唇是脸上最性感的部位，不仅是因为它的外观，同时也因它能让我们去表达，去感受。嘴唇的形状和纹理决定了嘴唇的魅力。我们薄薄的皮肤和体内透明的黏膜极易受到伤害。而唇部的皮肤只有身体其他部位的1/3厚，由于唇红缘没有汗腺和唾液腺，所以它的湿润度全靠局部丰富的毛细血管和少量发育不全的皮脂腺来维持。

嘴唇本身不具有黑色素，没有自我保护功能。因此我们需要加倍呵护唇部，以保持

它的柔润和光泽。嘴唇周围的肌肉是身体唯一的死肌，如果不进行很好的护理，嘴角四周很容易出现明显的皱纹。

唇的颜色告诉你身体的健康
◆

唇色发白，常见于贫血和失血症；上唇苍白泛青，会有大肠虚寒、

↓嘴唇需要细心呵护

美丽的嘴唇，可以体现一个女人的美丽、性感、成熟、高贵，也可以表现一个男人的英俊、帅气和洒脱。嘴唇的功能太多了，可以保护口腔、吃东西等。保护好我们的嘴唇十分重要。

泄泻、胀气、腹绞痛、畏寒、冷热交加等症状出现。

下唇苍白：为胃虚寒，会出现上吐下泻、胃部发冷、胃阵痛等现象。

唇色淡红：多属血虚或气血两虚，要补充营养了。

唇色深红：常见于发热。

唇色泛青：血液不流畅，易患急性病，特别是血管性病变，如血管栓塞、中风等急暴之症。

唇色发黑：唇色黯黑，多为消化系统有病，如便秘、腹泻、下腹胀痛、头痛、失眠、食欲缺乏等；若唇上出现黑色斑块，口唇边有色素沉着，常见于慢性肾上腺皮质功能减退。

嘴唇的湿润程度也是身体情况的外在反映。干裂是津液已伤，唇失滋润；唇口糜烂，唇边生疮多是核黄素缺乏，或脾胃热盛及阴虚火旺的征象。

嘴唇为何越来越薄

随着年龄的增长，人体分泌的胶原质就会越来越少。胶原质是一种支撑软组织的蛋白质，因此也被称为胶原蛋白。正是有了它的存在，我们的嘴唇才能显得丰盈润泽。然而胶原质也是非常脆弱的东西，内分泌的变化、紫外线、吸烟和不恰当的饮食都可能破坏胶原质的形成，使嘴唇变得干瘪、出现皱纹。虽然我们无法抗拒年龄增长带来的身体变化，但完全可以最大限度地保护我们的嘴唇少受外界因素的伤害。首先，改掉吸烟的坏习惯，因为烟草中的尼古丁是非常危险的胶原蛋白杀手；其次，注意日常的保护，随身携带具有防晒功能的润唇膏；再次，合理搭配饮食，如果为了减肥，食用脂肪过少，也会影响嘴唇的光泽与弹性。

怎样让嘴唇更美丽

要想让嘴唇永葆青春，对嘴唇的保护不可少。以下是几个护唇要点：1.唇部不宜经常做去死皮的护理。因为唇部本身缺乏保护层，易受到伤害。当唇部出现干裂时，可先用热毛巾敷3～5分钟，然后用柔软的刷子（用热水泡过的牙刷也可）轻轻刷掉唇上的死皮，之后抹上护唇霜。最好不要立即抹口红，否则会伤害唇部柔嫩的皮肤。2.日常化妆时，如觉得唇部太干，可用热水浸过的毛巾敷在唇上3～5分钟，再用口红，会显得非常柔润亮泽。3.唇部也有自己的按摩方法：用食指和大拇指捏住上唇，食指不动，大拇指轻轻按摩上唇；再用食指和拇指捏住下唇，大拇指不动，食指轻轻按摩下唇。然后，再以上述相反方向有节奏地按摩上下唇，反复数次。这样可消除或养活嘴唇横向皱纹。4.两手中指从嘴唇中心部位向两侧嘴角揉磨，使嘴唇皮肤有被拉长的感觉，先上唇，再下唇，可反复几次。这样可消除或减少嘴角纵向皱纹。5.在没有护唇霜的时候，如遇干燥天气，可用眼霜来应急。

嘴角透露你的秘密

大家都知道，用嘴说话是传递信息最主要的手段，正因为如此，人们容易忽略嘴也有无声胜有声的时候。事实上，嘴的姿态可能泄露以下几类心理秘密。

嘴角往上才是真笑。真笑时，嘴角会向眼睛的方向上扬、眼睛微眯；而假笑或"礼貌的笑"时，嘴角则被平拉向耳朵的方向，眼中没有任何感情。

抿嘴唇说明压力大。在压力状态下，藏起或拉紧嘴唇是再普遍不过的反应，比如不少出庭证人经常这样做。挤压嘴唇仿佛是大脑告诉我们"闭紧嘴，别让任何东西进到身体里"，表明这个人感到忧虑。而当嘴唇完全被藏起来，嘴角下拉时，说明情绪和自信跌至谷底。

嘟嘴唇表示不赞同。嘴唇缩拢是防止自己说什么不好的东西出来，而同时嘟出来的嘴唇则仿佛是要拒绝什么，所以你说话时别人这么做，说明他不同意你讲的内容，或正在酝酿着转换话题。

舔嘴唇是安慰自己。当压力很大时，人会感到口干舌燥，于是会用舌头舔舔嘴唇，让它湿润些。同样，感觉不自在时，我们也会反复用舌头摩擦嘴唇，以此自我安慰，并让自己镇静下来。

←嘴巴的角度可以反映一个人的内心

牙齿

——防止细菌入口的"门卫"

牙病不仅事关美容，还会影响身体健康。牙齿的咀嚼能力和心脏病、糖尿病、胃病和心脑血管都有着千丝万缕的联系，90%的口腔异味源于牙齿疾病，牙周细菌也能引发体内炎症和心脏病。

健康的"唇红齿白"

在过去的文学中，最多看到形容美女的词就是"唇红齿白"。这样的标准到现在仍然有绝对的指导性，"唇红"证明没有任何健康隐患，"齿白"表示心脏健康，甚至意味着长寿。为此，民间流传下来的健身方法里一定会包括"每天叩齿100下"。

从人的面相来讲，牙齿整齐，嘴唇和脸颊就会丰满；如果牙齿参差不齐，很难有漂亮的唇形。医学发展到现在，牙齿的美白与否，似乎已经和饮食没有多大的联系，大到漂白矫正术，小到漱口水和电动牙刷，都可以成为帮助牙齿"改头换面"的有力武器。当然，如果一味追求更美，滥用牙齿手术，反而会带来更多意想不到的麻烦。

补牙——暗藏的疾病隐患

和牙齿关联最近的手术莫过于补牙，几乎全球的牙医都会用汞合金做牙齿填充物。此前，汞合金也一直得到美国食品和药物管理局的支持，虽然瑞典、芬兰和日本的牙医已经在限制使用汞。

由于大部分补牙用的填充物都含汞，在补牙、清除或咀嚼时，都会释放汞蒸气。众所周知，高血压、不育症、疲劳、中枢神经系统失调、多发性硬化和阿尔茨海默氏症等疾病，都和汞有着不可分离的联系。现在，至少有500名英国牙医站出来，联合抵制使用汞填充物，树胶和玻璃制成的填充物正在成为替代品。由于汞是一种极不稳定的金属，温度越高，挥发性越大。蒸发了的汞，不仅可能漂荡在空气中，还可能随着水进入果蔬和粮食，对孕妇、胎儿和婴儿来说，简直就是难以抵御的灾难。

另外一种时下流行的牙齿美白术也是恐怖的健康杀手。用非贵重金属做内冠的烤瓷牙齿，在使用了一段时间后，由于口腔内充满细菌，烤瓷牙齿内冠用的镍铬合金会被慢慢腐蚀，不断析出镍离子。镍进入口腔后，不仅会使牙龈变黑，还会进入人体，在肾和肝里长期滞留，引发皮炎、气管炎，甚至咽喉癌。

刷牙漱口可及时保护牙齿

事实上，牙齿应该是人一生的关注点，除了正确刷牙和每餐饭后漱口外，有选择的饮食也能起到预防牙齿疾病的作用。对付牙病，并没有特效药，一旦一颗牙齿有问题，就会殃及其他牙齿。如果不幸需要拔牙，破坏了牙床，其他牙齿也就自然失去了健康生长的土壤。最好的办法，就是注意健康的饮食习惯和符合标准的刷牙漱口。

↓平时注意牙齿卫生，并定期检查

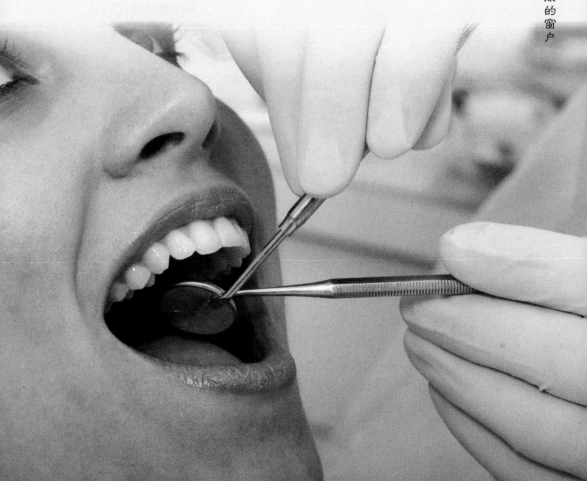

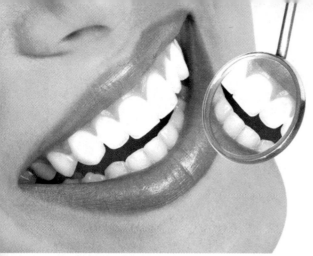

↑防止细菌入口的"门卫"

这些饮食可以帮助你保护牙齿

除了刷牙、嚼口香糖和漱口外，饮食也能成为健康牙齿的最大助手。粗粮和硬的食品所含的脂溶性维生素和矿物质较多，进食时需要较大的咀嚼力。咀嚼可以促进唾液分泌，除了帮助消化外，还可起到洗擦牙齿的作用。

鱼肉、米、扁豆、豌豆和蚕豆里所含的磷酸盐，充当缓冲系统，防止口腔过度酸化。此外，鱼类和豆类是高蛋白食品，可以为牙齿提供充足的钙，可以抑制细菌分泌酸性物质，保障牙齿健康发育。

蔬菜纤维、胡萝卜、苹果和生梨等在进食时可起到对牙齿的机械擦洗作用，擦去粘附于牙齿表面的细菌。此外，水果中的果胶还有抑制细菌的作用。蔬菜含有许多微量元素和大量的维生素C，也是很重要的抗龋营养素。

牙齿的敌人

可乐等含糖食品会很容易转化为酸，破坏牙齿表面的釉质，从而增加龋齿的危险。如果非要吃含糖食品，可以紧接着吃些奶制品，借助于酪蛋白的限制作用和奶中的脂类，减少由碳水化合物中分泌出的酸。刺激性食物不仅不能在拔牙后食用，如果仅仅是出自牙齿健康的原因，也应该在平常尽量避免。过冷、过热、过酸、过辣的食品，都会刺激牙龈，造成牙周炎。而这些食品一般都含糖，口腔内的细菌最喜欢的就是这些含糖食品。

拓展阅读

牙齿的洁白度其实和眼睛、头发的颜色一样都受到遗传基因的影响。有些人的牙釉非常洁白，有些人的牙齿颜色却天生偏黄。牙齿就好比大树的年轮，清晰记录着每个人的健康史。小时候服用过四环素或者阿莫西林之类抗生素的人，由于钙化过程受到影响，牙齿颜色就会变黄。简单地说，假如某种食物的汁液会浸染桌布，无法洗净，那么它同样会浸染我们的牙齿。咖啡、茶、可乐和红酒都对洁白牙齿是威胁。虽然经常刷牙有利于减少食物对牙齿白度的影响，但有时候我们必须借助洁齿产品才能达到理想的洁齿效果。

舌头
——最"懂"你的酸甜苦辣

当我们把嘴张大时，可以看到口腔里除了有一个大舌头外，在口腔颈部的后面还有一个"小舌头"。难道我们真有两个舌头吗？其实，这个小舌头不同于那个大舌头。它的真正名字叫"悬雍垂"。别看它不起眼，在吃东西的时候还离不开它呢。

中有酸甜苦辣咸五种味蕾，而苦味味蕾是口腔中最发达的味蕾，苦味基因也是味觉基因中种类最多的，达数十种。数十种相近的味蕾聚集在一块，分布在舌的不同地方，每块地方分担着不同的任务：舌尖感受甜味；舌尖的两侧感受酸味；舌根主要感受苦味；咸味就划分给舌两侧靠舌尖的那一块了。

舌头的味觉从哪里来

人要辨别味道全靠舌头，舌头的最外面一层是黏膜，它们使舌头呈现出淡红色，黏膜里面藏着好多好多的感受器，它们有个好听的名字叫味蕾，帮助我们品尝酸甜苦辣的就是这样的小东西。它们虽然小得让我们看不见，但它们都由许多的味细胞组成，用来辨别各种各样的味道。

舌头对五味的感受

人能够尝出五味，因为人的口腔

↓味蕾在口感方面扮演了很重要的角色

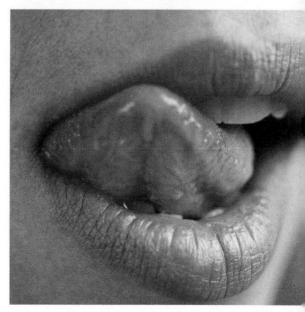

一般，小孩对味道的感觉比大人要快、要灵敏。长到45岁后，味蕾就像花朵也要凋谢一样，开始萎缩，数目也渐渐减少，对味道的感觉开始消退。在人的一生中，最早消失的是对咸味的感觉，然后是对甜味的感觉。

人类的苦味基因一直在

科学家通过基因片段中的苦味基因的位点，了解到人类的苦味味蕾一直存在。但是大部分的时间，苦味味蕾都不会被使用。因为大多数时期，人类辨认各种食物，靠的是经验，而不是亲口尝试。科学家发现，苦味味蕾的迅速进化是在五六千年前。结合考古的发现，可以知道，五六千年前中国地区正处于新石器时代的中期。在此之前，虽然已有农业，但是农业并不提供粮食的主要来源；但是在此之后，农业便成了人们的主要粮食生产方式。所以这一段时间一定发生了一次很大的社会变革，生产力和生产方式有了大跨越。

在这一变革中，人口快速膨胀，森林中的狩猎和传统的采集对象已经不能养活增加的人口，人类必须走出森林，寻找新的粮食来源。此时，面对各种植物，人类无法再根据经验来进食，必须尝试各种食物才能寻找到生存的新途径。在人类被迫尝试各种植物以找出可以食用的食物的过程中，有毒植物是不可避免的。辨认能力较差的人会因误食有毒植物而丧命，辨认能力强的人则能感受到苦味，从而吐出有毒植物而幸存。这就是苦味基因受到自然选择的可能原因。

什么味蕾会容易让人发胖

长胖的根源是人口腔中的一种味觉基因偏爱富含脂肪的食物，结果导致摄入脂肪过多而长胖。研究人员发现，遗传、年龄、活动量、疾病、高脂肪食物、药物等等都是导致人长胖的因素。其中高脂肪饮食的热量高，容易使身体积聚脂肪，而且脂肪每克含9卡路里热量，比任何营养素的热量都要高（碳水化合物及蛋白质每克只有4卡路里）。研究人员进一步发现，肥胖者的口腔中有一种偏爱脂肪食物的基因"CD36"，从而刺激人的大脑潜意识地选择大量高脂肪食物。

研究人员希望基于上述研究结果，能够为肥胖者找到一剂减肥的良方，让那些经受抽脂之苦的肥胖者轻松减肥。

神奇的世界

第五章

血液与消化——开启生命的循环

你知道吗？右肺重70~80克；一个80岁的人，呼吸8亿次；肺经常残存着3升的空气；肺泡的表面积为50~60平方米；肺每分钟运送250毫升的氧气到血液中，吸入的氧气有2％会成为活性氧；呼吸的三分之二为腹式呼吸，每天会产生100毫升的痰；咳嗽的速度约每秒50~120米。胃的最大容量为2~2.4升；胃液一天的分泌量约2升；胃液为pH值1.5~2.0的强酸；胃每15~20秒蠕动一次；十二指肠的长度为12只手指长，约30厘米；小肠的表面积为200平方米；肠内有100种，高达100兆个细菌，吃下的食物约一天就会形成粪便；每天放屁的量为400毫升以上；肝脏具有500种功能，将肝脏切除七至八成，仍可充分发挥功能；肝脏每小时可分解6~7克酒精；体热22％由肝脏产生；成年女性每10人就有1人患胆结石；肾脏每天制造180升的原尿；膀胱的容量为500毫升。

为什么
说血液是生命之海呢

一般情况下，一个成年人失血量在500毫升时，可以没有明显的症状。当失血量在800毫升以上时，伤者会出现面色、口唇苍白，皮肤出冷汗，手脚冰冷、无力，呼吸急促，脉搏快而微弱等。当出血量达1500毫升以上时，会引起大脑供血不足，伤者出现视物模糊、口渴、头晕、神志不清或焦躁不安，甚至出现昏迷症状。

血液是怎样生成的呢

一个人第一滴血液的生成很有趣，就像田径场上的接力跑，参与者有胚胎的卵黄囊、肝、脾、肾、淋巴结、骨髓等。造血始于人胚的第3周，此阶段还没有什么器官形成，一个叫卵黄囊的胚胎组织担起造血的第一责任。人胚第6周，人体器官形成，肝脏接着造血。人胚第3个月，脾是主要的造血器官。人胚第4个月后，骨髓开始造血，这是人体最重要的造血组织。

出生后，肝、脾造血停止，骨髓负起造血的全部责任。血细胞包括红细胞、白细胞、血小板等，它们各司其职，但都来自同一种细胞——多功能干细胞。由这种细胞增殖、分化和成熟，才变为在血管里流动的各种血细胞。

人体"运输大队长"——血液

我们把血液视为生命之"海"，是因为人体一时一刻也离不开它。一次失血超过体内血量的30%，就会有生命危险；而且血液的成分与地球上最早出现的原始生命的诞生地——原始海洋的成分很相似。血液包括血浆和血细胞两部分。如果把血浆比喻为海水，那么，血细胞就好比航行在大海中的小船。

血液是人体的"运输大队长"。伴随着血液在心血管系统中周而复始地循环流动，将氧气和各种营养输送给每一个细胞，同时，将细胞产生的二氧化碳等废物，运输到一定部位清

人类的秘密

除体外。血液的运输功能还能保持细胞生活的液体环境相对恒定，从而保证了细胞的正常生命活动。所以医生常常把验血结果作为诊断疾病的重要参考。

人体"警卫员"——血液

血液还是人体的"警卫员"。某些白细胞能吞食入侵的病菌；淋巴细胞参与人体的免疫功能；当人体受伤出血时，靠血小板的止血、凝血作用，堵住伤口。所有这些都说明了血液对于人体具有防御保护作用。

此外，血液在调节体温过程中，也起重要的作用，一方面能大量吸收体内产生的热，另一方面能将体内深部器官产生的热运输到体表进行散发。

血浆和血压

血液在血管内向前流动时，因为血液使血管充盈，则对血管壁造成一种侧压力，就叫血压。它来自于心脏收缩时释放的能量。由于血液在沿着血管流动的过程中，需不断克服阻力，消耗能量，所以血压在循环过程中是逐渐下降的。通常所说的血压，是指体循环的动脉压，是血管壁受到的侧压力与大气压之差。

血浆中含量最多的是水，约占91%～92%，还含有少量很重要的物质，如7%左右的蛋白质，0.1%左右的葡萄糖，0.9%左右的无机盐，以及微量的维生素、激素与酶等。

血液中的血细胞如何保持平衡

血细胞包括红细胞、白细胞和血小板。成年人每立方毫米血液里红细胞的数量，男子平均为500万个左右，女子平均为420万个左右。红细胞里含有一种红色含铁的蛋白质，叫血红蛋白，因而使血液成为红色。红细胞的主要功能是运输氧，也能运输一部分二氧化碳。血液中白细胞的数量比红细胞少，每立方毫米血液中有5000～10000个。白细胞的种类很多，如粒细胞、淋巴细胞和单核细胞等。白细胞有吞食病菌、保护健康等作用。血小板的数量为每立方毫米血液中10万～30万个，它有促进止血和加速凝血的作用。血小板实际上是骨髓中巨核细胞脱落下来的小碎片。

血液中的血细胞不断地进行新陈代谢。红细胞的寿命平均为120天，白细胞有的只能活几个小时，有的可以活几年，血小板的寿命平均为10天左右。造血器官不断地工作，产生新的血细胞，来补充衰老死亡的血细胞，使血液中各种血细胞数量维持相对恒定。

为什么
血液是红色的呢

在小说的世界里，要想描述出一个惊心动魄的场面，如果没有鲜红的血，那是很难想象的。至少在电影和电视里，血如果不是红的就不会那样扣人心弦，血的颜色绝不能用绿色、蓝色或白色来敷衍。世界各国通用的危险信号所以用红色，不会和血的颜色没有关系吧！如此说来，血是红的应该是理所当然的了。可问起"血为什么是红色的"，能回答出的人却寥寥无几。

是什么成分构成了血的红色呢

人体内有一种红色的蛋白质称为血红蛋白，它就是我们所要找的血液中的红色成分。在细胞中，血红蛋白的浓度高达35%，约占整个血液的15%。大家都知道，血红蛋白在体内除了负担着输送氧的作用以外，对于二氧化碳的输送也扮演着重要角色。与氧结合的血红蛋白为红色，脱氧血

红蛋白为紫红色。由这种血红蛋白的颜色所染成的红色血液，在所有的脊椎动物体内不断地循环。

血红蛋白是叫作珠蛋白的蛋白质和叫作血红素的低分子铁的结合物，这种血红素就是血液颜色的来源。

如果红细胞老化了

老化了的红细胞由肝脏等加以破坏，血红蛋白也被分解。作为血红素分解产物的尿胆素原和尿胆素，则成为粪便的成分被排泄到体外。粪便的黄褐色就是来源于这些物质。

真的有蓝色血液的人吗

世界上除了黄、黑、白肤色的人之外，还有蓝、绿皮肤的人。探险家曾在撒哈拉沙漠发现一个人数极少、肤色呈蓝色的奇特种族。由于他们的皮肤是蓝色的，于是有人称他们为"蓝种人"。同时，在非洲西北部山区也发现一个与世隔绝的过着原始穴

←血红蛋白将血的
颜色变成了红色

居生活的不到3000人的族群。他们的皮肤都是绿色，血液也是绿色的，故有人又称他们为"绿种人"。

其实，所谓"蓝种人"和"绿种人"，其血液都属于一种病理状态。他们的肤色为蓝色或绿色，那是由于皮肤下微血管的颜色所形成，我们不能轻率地称他们为"蓝种人"或"绿种人"，而与正常人的三大人种或四大人种——黄种、黑种、白种及棕种相提并论。

拓展阅读

大多数动物的血液是红色的，然而，也有少数动物的血液不是红色的。例如，有一种生活在深海底处，名叫鲎的动物，它的血液就是蓝色的。这是因为它们红细胞内主要成分是一种血蓝蛋白而不是血红蛋白，这种血蓝蛋白含铜，呈蓝绿色，因此也叫铜蓝蛋白。这样的血液当然是蓝色的了。

为什么
血液离开人体会凝固

番茄可在预防凝血性心脑血管疾病方面起关键作用，这种疾病是发达国家的人患病的头号杀手。番茄种子周围的黄色果胶可防止血中的血小板聚集，因而阻碍血栓形成。在一小群志愿者中进行的研究表明，来自4个番茄的果胶就能使血小板活性下降72%以上，而并不引起出血。

什么让血液开始凝固的呢

为什么血液在离开人体后会干涸凝固，一般多久会干涸，如果有艾滋病病毒，那么是在凝固后死亡还是在干涸后死亡？血液在接触不到空气的情况下能否干涸，比如真空。

血液从机体抽出到体外时，血液很快凝固成块。这一过程是一个复杂的生物化学连锁反应，需要有一系列的物质（凝血因子）参与。简单地说，血液凝固的过程就是使溶胶状态的纤维蛋白原转变成凝胶状态的纤维蛋白，网住血细胞，形成血块。血液凝固的关键过程是血浆中的纤维蛋白原转变为不溶的纤维蛋白。当体内的多聚体纤维蛋白交织成网，就能将很多血细胞网罗其中形成血凝块。在血液凝固过程后1~2小时，血凝块在血小板的作用下发生收缩并析出淡黄色液体，这种液体被称为血清。与血浆相比，血清缺乏纤维蛋白原和少量参与血凝的其他血浆蛋白质，又增添了少量血凝时由血小板释放出来的物质。

血液组织因子的命名

按国际命名法，将参与血液凝固过程的凝血因子按发现时间的先后次序，以罗马数字统一命名，作为国际上通用的名称，从因子 I 到 XII。其中因子 VI 是因子 V 的激活物，不是一个独立的凝血因子，已被取消。故目前凝血因子实际只有12个，其中，除因子 IV 为 Ca^{2+} 外，其余都是蛋白质。因子 III 由组织细胞产生，存在于细胞组织中，故亦称为组织因子。其余因子均

↑有了"凝血因子"的参与，血液很快
就会被凝固

存在于血浆中，它们大多数是在肝脏
内合成的。

血液离开人体后还会携带病毒吗

事实上，一旦血液呈胶状时，往
往表明血液中的有效成分如红细胞以
及白细胞等已经被破坏，因此病毒也
就失去了栖身之地，自然也就已经死
亡了。而病毒在流动的血液中可以存
活十五分钟左右，但是一旦血液凝固
的话，那么它们只能存活不到五分钟
的时间，只要不是伤口去直接接触那
些还带有一些病毒的血液，人是不会
被感染的。

拓展阅读

果胶为寻找替代阿司匹林的抗
血小板药物指明了方向。阿司匹林
目前被广泛使用，但会引起胃部不
适和出血等不良反应。人们早就认
识到水果和蔬菜有助于降低心脏病
的发生，除番茄外，草莓、瓜类和
葡萄柚也含有这种抗血小板物质。

为什么说
血型是"神秘"的呢

血型这东西似乎有点神秘。说它有点神秘，是因为人体本身就是一个未解的谜，人身上还有很多物质和现象没有被揭秘。关于血型，目前也只知道它是一种遗传物质，并按特定的遗传规律——"孟德尔遗传规律"传给后代。

如果"掌握"了神秘的血型

有一些学者认为，血型决定着一个人的性格、气质和缘分。科学地运用血型知识，可以帮助我们妥善处理错综复杂的人际关系，还可以指导我们选择职业等等。可以说，掌握了血型知识，在一定程度上就掌握了解决问题的秘密武器。

血型为什么可以决定人的性格和气质

那么，血型为什么能决定一个

人的性格、气质呢？有学者们经过多年研究，认为血型有其有形物质和无形气质两方面的作用。气质是无形成分，血型的气质表现，就是这类血型的人特定的思维方式、行为举止、谈吐风度等，是生物遗传的结果。比如O型血的人的性格特征是热情、坦诚、善良、讲义气，办事雷厉风行、踏实苦干、效率高。B型血的人聪明、思路广、拓展力强、最怕受约束。血型与性格的关系，除了遗传因素决定其本质外，还受出生地、生长、学习、工作环境的影响，受着周围人和事的影响，所以性格才千差万别。

通过血型了解他人

既然人的性格与血型有关，而血型又是生来就有、不易改变的，那么我们就可以以此为出发点，去观察、分析、处理好与周围人的关系。也就是说，对待一个人，先要知道他的血型，了解他的性格特征，然后采取相应的方法。这叫了解人性，顺应人性。

人类的秘密

如果你是A型血，你喜欢按部就班、有条有理地办事，而你的朋友是B型血，你们的作风就迥然不同。他最讨厌办事讲究形式，喜欢无拘无束，经常迟到。这两种人相处，难免产生摩擦。如果你只盲目地表现自己的性格，甚至企图改变对方的性格，这不但徒劳无望，而且结果很糟。

↓血液分型

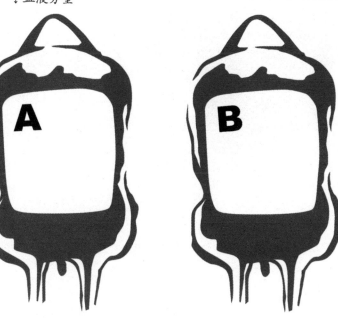

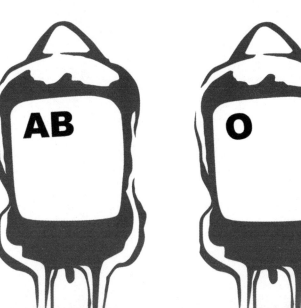

疾病也和血型相关吗

随着医学事业的发展，血型的应用越来越广泛，它对于输血、器官移植、免疫学、遗传学以及法医学、考古学都起着极大的作用。尤其令人惊异的是，随着对血型的进一步研究，又揭开了一个又一个鲜为人知的秘密。大量临床资料证明，许多疾病与血型有关。

O型血的人抵御传染病的能力较强，但容易患十二指肠溃疡病。有人统计了7000余例十二指肠溃疡病患者，结果发现有55.5%的患者是O型血。精神病专家还发现，O型血的人容易发生神经过敏，所以O型血的人患神经官能症的较多。A型血的人容易患高血压、冠心病。另外，胃癌患者中，A型血的人也比其他人高出25%。最近，有些学者还发现，O型血的人寿命比较长，但小病不断，而大病却不得。A型血的人则恰恰相反，平日很少生病，一旦生病就相当严重。

↑一滴血里隐藏了很多秘密

　　1900年，奥地利人兰德斯坦纳首先肯定了A、B、O三种血型。两年后，兰德斯坦纳的两名学生发现了第四种血型AB型。这是人类确定血型的开端。

◆◆ 血型是如何遗传的呢

　　那么，血型是怎样遗传的呢？原来，血型是由细胞核染色体上的基因所控制的。我们知道，子代的遗传特性根源于父母双方性细胞的染色体。就是说，子代的遗传物质一半来自于父亲，一半来自于母亲。如果子代从父母那里得到相同的血型基因（如A和A或B和B），称为纯合子。如果不相同（如A和O或B和O），称为杂合子。纯合子表现为与父母相同的血型，而杂合子则表现为显因子的血型。所以人体内所具有的血型遗传基因和血型的表现形式并不一定相同。

ABO血型系统——人类最早认识的血型

在17世纪80年代的英国，有位医生曾经给一个生命垂危的年轻人输羊血，奇迹般地挽救了他的生命。其他医生纷纷效仿，结果造成大量受血者死亡。19世纪80年代，北美洲的一位医生给一位濒临死亡的产妇输人血，产妇起死回生。医学界再次掀起输血医疗热，却带来惊人的死亡率。直到20世纪初，我们才打开了科学输血的大门。人类最早认识的血型系统是ABO血型系统。

为什么说O型血是"万能"的血

O型血素有"万能代血者"之称，因为它不含有A或B凝集原；而AB型血又称"万能受血者"，因为它无抗A和抗B凝集素。人的血型是遗传所得，一般终生不改。

逐渐消失的血型之谜

临床血液病专家还偶然发现，在一些白血病患者中，血型竟悄悄地消失了，虽经反复检查，也很难确定血型！之后，又有人在其他一些癌症患者中，发现血型还可以互相转换，即原来"是A血型，后来又变成了B型血"。"血型消失"和"血型转换"目前还是谜，有待于人类进一步揭开。

血型帮你做选择

血型知识还能帮助年轻人选择合适的职业。比如你是B型血，你思维敏捷，创造力强，可选择音乐、艺术、开发等职业，那些操作规程严格、讲究一丝不苟的工作不适合你。总之，根据自己的血型性格特征择业，能大大增加你的成功机会。每个人的周围，每个人的一生，都要接触很多人和事。我们的心情和工作效率，在很大程度上受他们的影响，你处理得如何，你是否快乐，一般都与此有关。所以，我们要提倡科学地生活，将血型知识运用于生活，使自己成为一个天天快乐、天天出色的人。

拓展阅读

有专家曾对共处一个集体的员工的分工搭配问题做过调查，认为根据血型科学地组合非常重要。比如，A型血的人与O型血的人组合工作，不但相互间交流舒畅，而且能营造良好的气氛。工作效率提高了，心理压力减少了，有利于身心健康。又比如，A型血的人与A型血的人组合就不十分恰当，容易挫伤对方，且不易弥合。可以说，掌握运用血型知识，不但能表现出一个人的风度，而且在某种程度上也能提高一个人的境界。

人的血管到底有多长呢

　　人的血液就像人类生命的长河，它们在人体纵横交错的血管内奔流不已。人体的血管分为动脉、静脉和毛细血管三种。突出于人体表面和四肢皮肤的、呈青紫色的、不能跳动的血管是静脉，静脉是由很多小静脉汇集成中静脉，然后形成大静脉，把血液送回心脏。而触摸身体表面，能感到跳动的血管是动脉，动脉由粗变细，由少变多，把血液输往全身，有无数的支流，支流越分越细越多，最后形成比头发丝还细得多的血管，这就是要在显微镜下才能看清楚的毛细血管。

纵横交错的人体血管

　　人体内的血管如同地球上纵横交错的河流，分布在我们身体内的每个角落，它和心脏一起组成了人体内连续的封闭式输送管道。管道在体内四通八达，可将血液输送到全身。在传输过程中，心脏通过有节律的搏动，驱动血液源源不断地进入大动脉、中动脉、小动脉和毛细血管。毛细血管就仿佛一个城市的交通系统，体内血液和血液中的营养物质（如糖、氨基酸、维生素、无机盐、氧气等等）就通过如网的毛细血管被输送到身体

的每个组织，以保障全身组织细胞生长、繁殖的需要。

血管里各部分的"职责"

在身体皮肤表面能触摸到跳动的血管，这就是动脉。它用来将血液中的营养物质，如氧气、糖、维生素、氨基酸、无机盐等输送到身体的各种组织，使各种组织细胞生长、繁殖，维持人的正常活动。

在人体表面和四肢上见到的呈青紫色、不能跳动的血管就是静脉。它的作用与动脉正好相反，是把各组织细胞代谢排出的废物，如二氧化碳、尿素等带走，将二氧化碳送到肺中排出体外，将尿素等送到肾脏排出体外。而毛细血管，比头发丝还细得多，用肉眼是看不见的，直径只有5～20微米。毛细血管中只能通过单个的单细胞。毛细血管就像灌溉渠道一样，把血液送到人体各个部位。

血液通过心脏的泵出、泵入在血管内反复循环，周而复始，永不停止。如果把毛细血管也算在内的话，人体内的血管长度至少也有9.6万千米以上，这个数字够吓人的吧！

良好习惯让血管"永葆青春"

不少人为了保持身材，往往只吃菜不吃饭。其实，充足的谷物才是饮食金字塔的基础。肥肉、巧克力、奶油、饼干、糖、甜点以及动物内脏等"三高食物"（即高糖、高脂肪、

↑人体内的血管至少有9.6万千米

高胆固醇），才是真正需要节制的食品。

通常情况下，正常人的血液呈弱碱性（pH值7.4），但如果长期嗜食酸性食物，就会使血液中的乳酸、二氧化碳等含量增加，血液的黏度也会升高，从而加速血管的老化。多食碱性食物，可以中和血液中的酸性物质，起到清洁血液、降低血液黏稠度的作用。生姜、洋葱、茄子、香菇、黑木耳、玉米、燕麦等食物都是血管的"清道夫"，有助于降低胆固醇、降血压、防止血管硬化。

研究证明，每天进行有氧锻炼半小时，坚持30天，能显著提高人体内高密度脂蛋白水平。这种脂蛋白颗粒小、密度高、能自由进出动脉壁，从而清除沉积在血管壁上的"垃圾"。每周坚持两到三次慢跑、游泳、球类等运动，不仅能起到减肥消脂的作用，还能提高血管年轻化程度，防止老化。

鲑鱼皮也可以用来制成人造血管

鲑鱼皮成分也可以用来制成人造血管，你相信吗？

日本北海道大学等机构的研究人员从鲑鱼皮中提取胶原蛋白制成人造血管，并将这种血管移植到大白鼠的大动脉部位，延长了大白鼠的寿命。

据日本《每日新闻》报道，提取鲑鱼皮中的胶原蛋白作为人造组织的原料，面临的问题是鲑鱼皮中的胶原蛋白不耐热，如果温度达到19摄氏度，它就会融化。研究人员通过改变鲑鱼皮中胶原蛋白的构造，强化胶原蛋白分子间的结合等，成功使胶原蛋白的耐热温度提高到55摄氏度。

研究人员用经过改良的胶原蛋白制成内径1.6毫米、管壁厚0.6毫米的人造血管，并成功地将这种人造血管移植到大白鼠腹部的大动脉部位。实验确认，植入的人造血管会随大白鼠心脏的搏动节奏伸缩，并且这种人造血管具备和原先的大动脉同样的强度和伸缩性能。研究小组计划今后利用狗等更大的动物测试这种人造血管的性能，最终可望开发出可用于治疗人类心肌梗死的人造血管。

拓展阅读

黑巧克力可以显著改善血管内皮功能。巧克力中含有钙、磷、镁、铁、锌、铜等多种对人体有益的矿物质。被称为类黄酮的多酚类物质是巧克力中的核心健康成分。多酚类化合物具有抗氧化作用，而人体的氧化损伤是导致许多慢性病，如心血管病、癌症和衰老发生的重要原因。多酚的抗氧化功能可以对这些慢性病起到预防作用。

人体到底有多少细胞呢

　　细胞的发现，完全是一种偶然。1665年，英国一位自学成才的学者罗伯特无意中发现了一种有许多孔和洞，很像蜂巢的东西，他将它称为细胞，才把人们带进了细胞的奇妙世界。

人体到底有多少细胞呢

　　人生下来后，体内的细胞还在不停地进行新陈代谢。如此说来，人身上的细胞不是多得不可计数了吗？不是的，人身上的细胞是可以计数的，但它们有多少呢？

　　如果一个一个地去数，那是极为困难的。于是，聪明的科学家想出了一个办法，根据测量人体血液的细胞数来粗略地估计人体的全部细胞数。目前科学家已经测出，我们的脑细胞约有100亿个。血液中的红血球是人体最小的细胞之一，其直径为7～8微米。而1毫米等于1000微米。科学家估计，人体血液约占体重的1／13，成年

男子1升血液中约有5兆个红血球，也就是5兆个红细胞，而这里的1兆等于1万亿。血液中的白细胞的数量是红细胞的八百分之一，即12.5亿个。假如一个男人的体重为78千克，那么他体内的血液有6升左右，仅在他血液中就有30万亿红细胞和75亿白细胞。照此计算，人体的全部细胞约为500万亿～600万亿个，如果把它们全部排列成一条直线，其长度约为40亿米，即400万千米，这相当于地球到月球距离的10倍，可见人体的细胞数量之多。

细胞的寿命

　　细胞的寿命长短不一，有些脑细胞可与人的寿命相当。而人体血液里的红细胞寿命大约只有120天左右。同是血液里的一种白细胞——粒细胞的寿命却不到1天。

　　细胞内在不断地进行着生物化学反应，并通过细胞膜向外界环境吸取营养物质和排出代谢废物，以维持人体的正常生命活动。

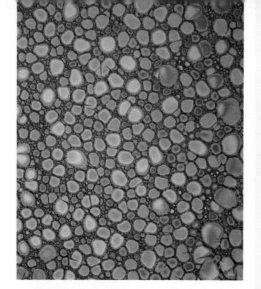

细胞的形状

细胞是构成生命的基本单位。人的机体是由数百万亿个细胞组成的。它最初由1个成熟受精卵细胞开始，分裂为两个细胞，继而以"2"的倍数分裂成"4、8、16……"个细胞，直至数百万亿的细胞，发育成人的健康机体。构成人体的细胞有大有小，较大的细胞是成熟卵细胞，单个直径只有0.1毫米。较小的细胞如淋巴细胞，单个直径也只有千分之五毫米。因此，凭我们的肉眼是看不到单个细胞的，要靠放大数倍的显微镜才能看到。借助于显微镜，还能看到细胞的结构，它外表有一层薄膜（称为细胞膜）包裹着，细胞内部有细胞质和细胞核。人体内的细胞大小不一，形态也多种多样。有似烧饼的，有呈棱柱状的，还有长条状的。

时刻"更替换代"的细胞

世间万物都是由细胞或细胞类物

←光脑细胞人体就有约100亿个

质构成的，我们人体也是这样。构成人体的第一个细胞，就是受精卵，受精卵慢慢发育、分裂，成几何倍数增加，由1个变成2个，2个变4个，4个成8个……一直不停地增加，当增加到一定的数量和条件时，便发育成比较健全的人体。

所以人体内的细胞并不是一成不变的，时时刻刻在不断地进行着新旧更替。也就是说，我们身体里每天总有成千上万的细胞在衰老死亡，同时又有成千上万的新细胞在生存生成。例如，在人们的皮肤及头皮上经常有皮屑脱落，这就是衰老死亡了的表皮细胞。对成年人来说，一般新生成和死亡的细胞数大致相等。而日日生长的青少年朋友们，则细胞的生长多于死亡。那么，是不是新生成的细胞越多越好呢？这也不一定。如果身体某一部位的细胞生成的速度异常快，生成的大量细胞是大而不成熟的细胞，这就是病变细胞，比如癌细胞。

知/识/链/接

最大的细胞有多大？最大的细胞直径有10多厘米，那是鸵鸟蛋的蛋黄。

最长的细胞有多长？最长的细胞有2~3米长，比人还高，那是鲸的神经细胞。

最小的细胞有多小？最小的细胞直径才1微米左右，1000个这样的细胞并排着，可以穿过针眼。那是一种叫作支原体的微生物。

白细胞
——"奋不顾身"保护人体

当人体发生细菌感染，或出现外伤失血、中毒、恶性肿瘤时，我们体内的卫士就会挺身而出，英勇抗战，哪怕献出自己的"生命"。如果不是这些毫不留情的卫士机警地把住大门，人的生命过程恐怕就要走上绝路了。

白细胞——血液家族中的重要成员

血液家族中有一个重要成员，叫做白细胞。它们被称为"人体中的卫士"。它们和红细胞一样，骨髓是它们的出生地。在那里，它们发育成熟，一小部分就分期分批地流到血液中去。血液中的白细胞，一部分聚集在血管壁上，暂时安家，另一部分仍然随着血液四处奔波游动。不过，这两部分白细胞常会交换位置。

随时"备战"的白细胞

白细胞的功能主要是吞噬侵入人体的细菌和异物，清除体内衰老坏死的细胞，同时还参与人体的免疫活动，提高人体的抗病能力。当细菌一侵入人体，白细胞就会得到情报，它们就会马上自动向有"敌情"的"地区"集合，骨髓也会派出大量的白细胞进入血液，血液中的白细胞数量就会大增。到达细菌侵入部位的白细胞，会奋不顾身，改变自己的形态，把细菌纠缠住，没头没尾地把这些"坏蛋"包裹起来，再使用一种能溶解蛋白质的酶，把细菌消化掉。

血液家族中的"大个子"

在血液中，白细胞个最大，从8微米到20微米。它们总是在保卫健康的战斗中，和那些侵入机体的微生物搏斗，把它们吞噬下去而中毒身亡。它们从来就宁死不屈，表现得十分顽强，前赴后继，直到把敌人全部消灭。

唾液
——口腔内的"自来水"

有个成语叫"馋涎欲滴"，意思是不是口里有条馋虫，一见到好吃的，就把口水流出来了呢？不是。这只是因为条件反射，就像我们有某些习惯一样，不论闻到的是酸味还是香味，口水的分泌就会增多和加快。

那么多的唾液去了哪儿

口水就是唾液，它是由口腔内的三对唾液腺——腮腺、舌下腺和颌下腺分泌的。唾液腺像水源一样不断供应，用来滋润我们的口腔和咽喉部分，我们就不会口干和舌燥了。不过，不管唾液分泌如何多如何快，我们都能及时地一点点把它们咽下去。所以，我们每个人的口里都安了"自来水"，只是我们自己都没注意的吞咽动作控制住了它，它就不会流出来了。

为什么口水不会随便流出来

刚生下来的小宝宝，唾液腺还没发育完全，唾液分泌不多，不大会流口水。五六个月时，唾液腺就能分泌大量的口水了，而小宝宝还不会咽口水，所以"自来水"就会嘀嘀嗒嗒流出口外。

成年人的口腔就是到了晚上，口水分泌也不会自动关闭。只是睡着以后，唾液腺的活动也开始降低，唾液减少许多。而且我们还存在些无意识的吞咽动作，加上还有两片嘴唇作防线封住了出口，一般口水不会流出来。不过，如果晚上睡着了不小心让嘴唇漏了个缝，口里"自来水"就会自由地溜到外面来了。

检查唾液可推定年龄

美国加州大学洛杉矶分校遗传学家最近开发了一种新方法，能通过检验唾液来推定一个人的年龄。该研究有望带来最新的检测手段，比如在犯罪现场取证以确定嫌疑人年龄，或根据生理年龄设计个性化医疗方案等。

研究使用的唾液样本由34对双胞胎男性捐献，他们的年龄在21岁至55岁之间。研究人员分析了他们的基因组，在DNA上识别出88个与甲基化水平和年龄关系密切的基因段。随后他们又在年龄介于18岁到70岁之间的31名男性和29名女性身上进行了验证，并找到了其中关系最为密切的3个基因段，然后用其中两个构建出一个推定模型。研究人员将两次唾液样本数据输入，就能相当准确地推断出一个人的年龄，误差不超过5岁——这是迄今最为精确的水平。

"长期以来，科学家一直在寻找一种可靠的年龄标志，我们为此提供了一个答案。"这些遗传学家们说，"只要一点唾液样本，我们就能推断出一个人的年龄，而无须任何其他信息。"

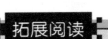

拓展阅读

你应该不怎么想在唾液里游泳吧？不过你如果把自己的唾液搜集起来的话，那你真的就可以在里面游泳了。在人的一生中，平均要产生相当于两个标准泳池的含水量的唾液。

口水→

肺
——生命的"换气站"

　　肺有足够的通气量是呼吸进行的保证。肺活量是肺的通气容量指标。肺内气体的容量随呼吸的深浅而不同。正常人整个肺脏中的通气是不均匀的。肺泡的总面积为100平方米，平静呼吸时仅约1/20的肺泡面积起通气或换气作用，其余的肺泡都是陷闭的，所以肺的储备量很大。

◆◆ 人的第一需要是空气

　　俗话说，民以食为天。没有吃的，人就不能活着，于是粮食成了人的第一需要。后来，又有科学家发现，人饿上几天不要紧，要是几天不喝水，那人就活不成了。又有说法"水就是生命"。

　　其实粮食和水都不是人的第一需要。人的第一需要是空气。不信你试试，把鼻子和嘴巴捂严，不让它进一点空气，那么别说是三天两天，只要一分钟你就会满脸涨红！如果断绝空气2到5分钟，人就会死亡！吃饭和喝

水，一天里只有几次就行了。可是呼吸空气却是不能停的。成年人每分钟呼吸16次，每次吸入约500毫升空气，那么一分钟需要8升空气，一天就需要11520升空气。

　　人呼吸空气，需要的是空气里的氧气，这样看来，人体就像一只炉子。所不同的是，炉子下面是进气口，出气口是上面的烟囱，而人的进气口和出气口只有一个，那就是鼻子。

　　当人吸入一口气时，肺气泡里便装满了氧气。刚好血红素带着二氧化碳来到肺部，它便把人体不需要的二氧化碳甩给肺，而把肺泡里的氧气送到身体各部。甩给肺的二氧化碳在呼吸的同时，被排出了体外。人就是这样一呼一吸，排出二氧化碳，吸入新鲜氧气，才保证了人体这只炉子的"燃烧"。

◆◆ 肺对人体的贡献

　　在人体的新陈代谢过程中，需要经常不断地从环境中摄取氧气，并排出二氧化碳。而人与环境的这种交

换离不开肺，肺组织里有一套结构巧妙的换气站。在人们吸入大气时，大气经鼻、咽、喉、气管、支气管的清洁、湿润和加温作用，最后到达呼吸结构的末端肺泡。肺泡与毛细血管的血液之间有一道呼吸膜相隔。薄薄的呼吸膜，只允许氧气和二氧化碳自由通过，其他一律挡驾。氧经肺泡，通过呼吸膜，进入毛细血管，进而至动脉流遍全身。二氧化碳由静脉经毛细血管，通过呼吸膜，到肺泡，经肺排出体外。如此反复呼吸，人体就能源源不断地从外界获取氧气，排出二氧化碳。

◆◆◆ 肺活量的测试 ➤

　　肺活量的测试要借助于肺量计来完成。它是一种无创伤且易被受检者接受的测试指标。健康查体时，经常要测定肺活量。测试时，让受检者立位，先做最大深吸气后，再做最大的深呼气。深吸气后1次所能呼出的最大气量即为肺活量。一般成年男子平均为3.5升，成年女子平均为2.5升。

　　肺活量的大小受年龄、性别和健康状况的影响。一般男性大于女性，运动员大于一般人，青壮年大于老年人。

◆◆◆ 呼吸进了脏东西怎么办 ➤

　　人体一天里呼吸3万次，一天吸

进去的空气达15立方米。那些灰尘、细菌、有害气体难免也混入其中而被吸了进去。人体为了清除这些有害物质，常常采用扫除和吹刷两种清除方法。我们从鼻子到咽喉、到气管、支气管，再到微支气管，是越来越细的管道系统。微支气管末端，是一个个小肺泡。

　　人体的这整个管道系统的每一个表皮细胞上，都长着几百条人眼看不见的毛。这种毛每时每刻在向外摇动，把管道系统里的垃圾从肺泡一直送到鼻咽部，同时，为使管道保持经常湿润，在气管的表皮细胞里，还有一部分细胞专门分泌黏液。这些黏液是痰液的基础，它们常把垃圾带出体内。

　　而当肺里存在有害物质时，特别是病菌准备在那里繁殖的时候，毛细血管就会扩张，释放出血管里的白细胞，让它们杀死这些细菌。牺牲了的白细胞、病菌、灰尘以及同时渗出的血清、红细胞等，加上气管中分泌出的黏液，混合在一起，积存在呼吸道里，必然会阻塞管道，影响呼吸工作的进行，这样人体就会同样用咳嗽、打喷嚏等方式清扫管道，排出体外。这种咳出来的黏液，有时候像泡沫，有时候像脓，就叫作痰。

胃
——食物的"加工厂"

胃像一个布袋，位于人们的左上腹腔，是消化道中膨胀最大的部门，上接贲门食道，下通幽门十二指肠。在胃的内表面有许多崎岖不平的黏膜，似丘陵山洼。当有食物充填时，黏膜可扩展，使食物与胃有更大的接触面积。

为什么说胃是食物的加工厂

我们常说胃是食物的贮运场和加工厂，是食物消化的主要器官。这是因为胃能分泌大量强酸性的胃液（pH值为0.9～1.5）。其主要成分是能分解蛋白质的胃蛋白酶，能促进蛋白质消化，并具有保护胃黏膜不被自身消化的作用。正常成人每天大约分泌胃液1.5～2.5升。经过口腔粗加工后的食物进入胃，经过胃的蠕动搅拌和混合，加上胃内消化液里大量酶的作用，最后使食物变成粥状的混合物，有利于肠道的消化和吸收。所以胃是食物的

加工厂，是食物最后消化吸收的前站。

人的胃都能消化掉什么呢

人的胃到底能消化掉什么呢？至今还令生理学家们感到困惑。因为有些人什么东西都能吃。纽约麦托罗帕里坦医院收容了一个自称"肚子沉甸甸"的患者，经过手术，从他胃里竟取出硬币300枚，指甲钳子40把，螺丝、螺帽100余件"食品"。

瑞士的卡缪在吞食硬物方面是"行家"，作为马戏团的演员他最喜欢吞食剃须刀，他至今已若无其事地吞下过5万多个钢铁硬物。用X光检查他的胃，又发现里面有一把短剑。

印度新德里的萨林贾马伊克的佳肴是每餐1块砖。你不必替他担心，他本人就是医生。

英国的瓦尔特·克纳里乌斯的美餐是杂草，而且吃的时候从不忘记使用小刀和调羹，还真有点绅士派头呢。

玛莱依也是一位英国人，他是个"烟迷"，不过不是抽而是吃。"香

烟三明治"是他最偏爱的食物，可是一般人吃了却会丧命。

美国人经常搞一些吃物比赛，在一次生吞加利福尼亚金枪鱼比赛中，莱纳德用4小时的时间吞下了501条鱼，从而获得冠军。最令人称奇的要算美国人利斯了，他的嗜好是吃灯泡。因为灯泡被吃，他家时常不得不靠点蜡烛过日子。

胃溃疡是如何产生的呢

你知道吗，你的肚子里藏有一种任何机场安检人员都无法没收的有害液体。胃细胞会分泌盐酸：工业上常用于擦洗金属的一种腐蚀性化学物。但是胃壁上的黏膜可以保持这种"毒液"在消化系统的安全，并依靠它来消化食物。胃既然能够消化食物，为什么我们自己的胃不被消化掉呢？原来，我们的胃经常大量分泌出一种黏液，这种黏液可以起到保护胃壁不受胃酸腐蚀的作用。假如由于某种缘故使黏液分泌过少，或使胃液分泌过多，那么胃本身就会受到胃酸的攻击，进而开始"消化"胃本身。胃溃疡就是这样形成的。

拓展阅读

胃酸是使食物得以消化的重要媒介。鲍蒙特写出了一本关于胃液及消化生理的专著，对医学做出了杰出贡献。我们知道，盐酸是一种腐蚀性很强的液体，而胃酸的浓度只有标准盐酸的5%。尽管如此，其腐蚀消化能力也是相当惊人的。

←胃溃疡患者会药不离口

肾脏
——人体的"对称净化器"

人体在新陈代谢过程中，不断地产生二氧化碳、尿酸、尿素、水和无机盐等代谢产物。这些物质在体内积聚多了，影响正常生理活动，甚至危及生命。这些废物排出，主要依靠人体的"对称净化器"——肾脏来完成。

肾脏——身体精密的"筛子"

肾被古人称为"先天之本"，今人称为"人体的筛子"，意指肾将我们体内的有毒物质筛了出去，有用的东西则留了下来。同社会大环境一样，人体小环境每天也要产生尿素、尿酸、肌酸等"垃圾"，大约35克。别看其量甚小，但危害颇大，如不及时清除，就会误了人体健康的大事。而肾脏这个筛子就是默默担当着"清洁工"的重任，每天通过尿把"垃圾"排出体外。

肾是如何开始工作的

肾脏的主要工作是形成尿液，借以排出体内大量的代谢终产物。也许你不知道：一个健康的人每天形成的原尿约有15升，而实际上每天排出的尿液却只有1.5升左右，两者的差别很大。为什么呢？

肾的肾小球是第一道筛子，血液流过时，除了大分子的蛋白质滤下了，而葡萄糖、尿酸、尿素等却都漏了过去。漏了过去的这部分叫原尿。

肾小管又是第二道筛子，原尿从中流过时，对人体有用的物质，像大部分水分、全部葡萄糖、部分无机盐等，就被重新吸收到血液里去了，而剩下的废物，如尿酸、尿素、部分无机盐和水分等就流了出去，形成尿液。经过肾盂贮存在膀胱里，就可以被排出去了。

此外，当胃、小肠吸收了一些有毒物质，如铜、铅等的化合物，在肝脏的作用下，能把它们转化为无毒物质，肾脏就把它们接过来，通过尿液，把它们遣送出去。人体通过尿的

拓展阅读

肾脏是形成尿液的器官。尿液的形成过程包括肾小球的过滤作用和肾小管的重吸收作用。当血液流经肾小球时，血液中除血细胞和大分子蛋白质外，其他成分如水、无机盐类、葡萄糖、尿素、尿酸等物质，都可以由肾小球过滤到肾小囊腔内，形成原尿。原尿流经肾小管时，其中对人体有用的物质，如大部分水、全部葡萄糖、部分无机盐等，被肾小管重新吸收回血液，而剩下的废物，如尿酸、尿素、一部分无机盐和水分等，则由肾小管流出，形成尿液。人体的肾脏每昼夜可过滤原尿150升左右，其中的99％被肾小管重吸收，所以人一昼夜排尿约1.5升。尿液由肾单位形成后，都汇集到肾盂，经输尿管输送到膀胱，暂时贮存，达一定量后排出体外。

排出，不但起到排泄废物的作用，而且恰当地调节了体内水和无机盐的含量。看来，人体的这道筛子，真是设置得恰到好处。

如果肾脏功能出现障碍

肾脏担负着艰巨的清洁血液的任务，所以肾脏的血液供应很丰富，每分钟流经肾脏的血液相当于心脏输出量的20％～25％，它的平均血流量比体内其他任何器官都多。一旦肾脏的功能出现障碍，会使血液中尿毒等含量过多，而出现尿毒症，严重时人会昏迷，甚至死亡。

↓肾脏位于腰部两侧后方

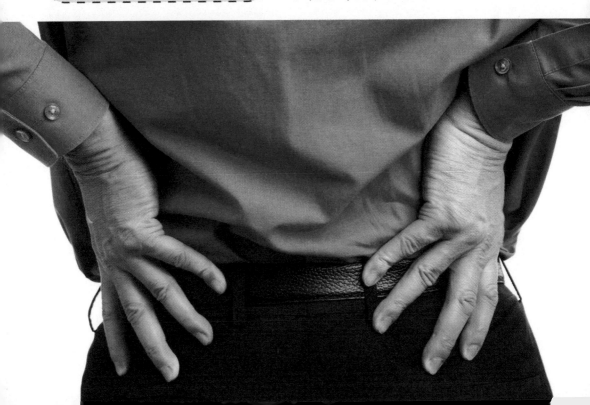

脾脏
——人体重要的"造血库"

脾脏位于左上腹部，正常状态下巴掌大小，质较脆，在早期胚胎中是重要的造血器官，出生后造血主要由骨髓来完成，但脾脏还具有许多特殊功能。

脾脏有哪些特殊功能呢

首先是应急造血功能。人体需要生产出新的血细胞以补充不断衰老死亡的旧血细胞。在机体应急状态下，如中毒、药物抑制或感染时，脾脏就重新制造各种类型的血细胞，以挽救危重的生命。其次脾脏有"小血库"的功能。脾脏内有许多血窦，就像一个个小小的血池子，充当着小血库，一般情况下，它能储存40～50毫升血。最后是净化血液的功能。人体内的血液每天要从脾脏流过大约30～50次，而脾脏血窦里的吞噬细胞就像严格的检查卫士一样，不断检查出衰老伤残的细胞及血小板，并将其吞噬消灭掉，同时将红细胞中的铁收集起

来，输出至骨髓，重新用于造血。

脾脏里住着"免疫卫士"

人体的许多免疫卫士，如淋巴细胞、杀伤细胞和自然杀伤细胞都大量驻守在脾脏。一旦人体的某个部位遭受病菌的侵犯，这些免疫卫士们就从这里出发一路奔向战场——感染部位，奋勇杀伤敌人，平息战事。同时，也有很多的免疫球蛋白、补体、调理素等人体免疫武器都是从脾脏里生产出来的。一旦体液里发现敌情——如毒素、细菌和有害抗原时，它们也会及时出击，将其消灭。

> **拓展阅读**
>
> 肝脏是人体的主要解毒器官，它具有分泌胆汁和解毒作用，尤其对人体内蛋白质、糖类、脂肪等很多物质的代谢有重要作用。胃、肠吸收来的一些有毒物质、药物以及体内代谢产生的有毒物质（如氨），可以在肝脏作用下，转化成无毒物质，或氧化分解。所以我们又说肝脏是人体的重要"化工基地"。

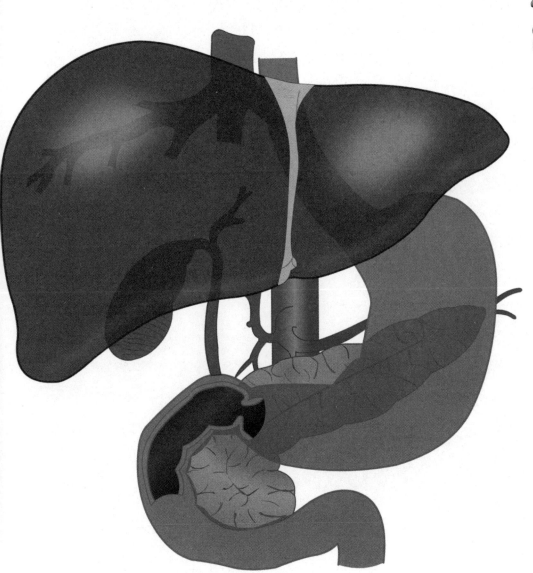

↑肝脏随时都在帮助人体解毒

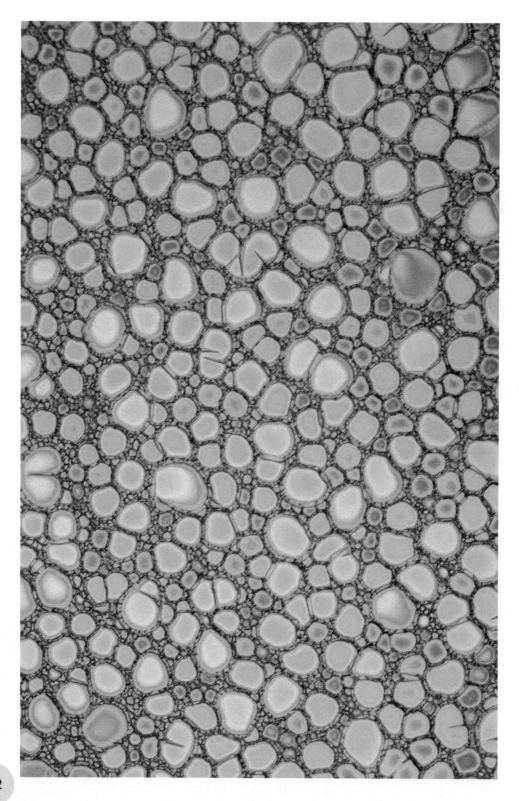

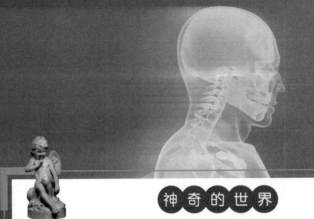

神奇的世界

第六章

四肢与骨骼——人体的坚固支架

你知道吗？成人的骨头数量为206块，新生儿350块；最小的骨头长4毫米；头盖骨有15种、23块骨头；手指的骨头有27块；椎间盘能承受的最大重量为750千克；最长的肌肉为30~50厘米的缝匠肌。

为什么坐的时间长了手脚会发麻

患有高血压、高血脂、高血糖的人，很容易导致末梢血液流通不畅，会出现手脚麻木。如果经常伏案工作要考虑是否有颈椎疾病，颈椎病最容易压迫神经而导致血液流通不畅，出现手脚麻木。

灵巧的手上布满了肌肉

人类的身体器官中，最精巧的部分是手部的19块小肌肉，也是手最宝贵的部分。有这19块肌肉，人才可以干非常精细、灵巧的活儿。你一定看见过猴子吃苹果的情景，有没有注意到它一定是用双手捧着吃的？这是因为猴子的五个手指是相互平行的，没有对掌和对指的功能，一只手拿不住东西。而人能拿住、握紧，就是因为有这19块小肌肉的活动。它使人的拇指可以转向掌心（称为对掌），又可以转向其他手指（称为对指）。对掌和对指是人手最主要的功能。

人手上的19块小肌肉，是人能完成那些动物无法完成的灵巧动作的关键。其中，有4块在拇指上，4块在小指上，4块在肌腱上，4块在掌骨间的背面，3块在掌骨间的掌面。这就是我们手内部肌的结构。

手脚为什么会发麻

有时，我们坐在椅子上看书，或者趴在桌子上写字，时间长了，手脚都会有一种发麻的感觉，这是为什么呢？

原来，在我们的全身布满了神经，神经是一根一根的，有的粗，有的细。这些神经还有分工，有的管冷热，有的负责让身体活动，等等。全身的神经都连着大脑，神经把感觉到的冷或热等各种感觉报告给大脑，大脑再通过神经指挥全身进行活动。例如，手放在热水里，如果感觉太烫，大脑就会指挥你的手赶紧拿出来。

在我们的胳膊上和腿上，除了布满许多细小的神经之外，还有好几根挺粗挺大的神经。这些神经都有自己的名字，例如，胳膊上有尺神经，腿上有股神经、坐骨神经等。这些神经有的在肌肉深处，不容易摸到，有的就在皮肤下面，用手都能摸得到。在胳膊肘里侧骨头尖附近，用手就能摸到像电灯绳那么粗的一根神经，有时不小心碰到了它，手就会麻木得厉害。有人还管它叫麻筋呢。

如果手部过度使用

　　一些人曾有过手部酸痛、无力甚至半夜被麻醒的经验，有人会怀疑这是否是中风的前兆，其实这是受"手部过度使用症候群"的困扰所致，尤其是现代人使用电脑键盘的机会很多，甚至连银行点钞员都有可能出现类似症状。

　　上肢过度使用症候群中，发生在肩部就是肩部肌腱炎，发生在手肘就是网球肘，发生在手部就是手部过度使用症候群，也称"妈妈手"。发生原因多是反复使力不当，是常见问题，但大多数人因职业或其他因素无法让受伤肌腱完全休息，使问题更严重。因此，当出现手部及手指疼痛、

酸麻、无力感，半夜被麻醒等现象时，一般将手腕甩一甩会好一些，但很快又会让人麻醒，使不上力，严重影响日常生活。

知/识/链/接

　　"腕道症候群"是正中神经经过腕道时受到压迫所导致的，早期症状以手麻为主，尤其是拇指、食指及中指。也有病人感觉五指全麻或局限在中指，或者中指及食指，也常会伴随手刺痛感或无力。但这种痛也会放射到手背及肩膀，甚至有些病人半夜常被麻醒，或者骑车中突然手麻，到了后期神经受到严重伤害时，会有肌肉萎缩、手无力、感觉丧失等现象。

　　因此在工作或学习前，不妨多做下列动作：五指张开垂直压桌面四到五秒；用力握拳四秒至五秒，然后将五指张开，这两种动作也可以重复做。

↓人体全身布满神经，长时间的血液流通不畅快容易导致发麻

为什么说脚是人的"第二心脏"

脚对于人有多重要，相信谁都知道。因此，自古以来，人们对脚格外关注。中国现存最早的中医理论专著《黄帝内经》中，就有足心涌泉穴与人体保健的记载；《史记》中有上古黄帝时代名医摸脚治病的记录；隋朝高僧在《摩诃止观》中有"意守足"的修炼法，"常止心于足者，能治一切病"；东汉华陀的《五禽戏》中很注重足部的导引术，等等。而从生理作用来看，人的双脚最重要的功能是行走。

关于脚的有趣数字

一个人即使经常以车代步，他的一生当中也要用双脚走上10多万公里的路程。据世界卫生组织的某些调查表明，一个人毕生约需步行42.2万公里的路程。脚的另一个功能是承受全身的重量。一个体重50公斤的人，他的脚每天累计承受的总压力达好几百吨。一位日本教授对脚进行了37年

的研究，观察了近40万人，发现左脚接触地面比右脚大，男女均如此。由此他得出结论，左脚主要起支撑全身重量的作用，而右脚却是用来做各种动作的。演员就经常用右脚来表演动作，多数人攻击时也使用右脚。

脚与脑的衰老相连

在人的体内，最需要氧气的组织莫过于脑细胞。氧气是由血液输送的，因此良好的血液循环是使脑细胞活性化的基础。虽然脚和大脑就人体位置而言离得最远，但通过血管与神经，它们非常紧密地连在一起，是相互影响的器官。徒步旅行的时候，步子迈得更大，脚离开地面时脚腕会完全伸展，这就更能促进血液循环。此外，根据最近的研究，步行能够促进大脑物质的涌出，从而使大脑的神经细胞活跃起来。

为什么说脚是人体的"第二心脏"

脚同人体的心脏一样，对血液循

拓展阅读

通常，7个脚的长度大约等于身高。儿童的脚平均每月长1毫米。大约到25岁时人脚开始定型。据调查，我国男性的平均脚长为24.48厘米，女性为21.60厘米。如果赤脚走在松软的泥土上，会留下一串清晰的足迹。仔细观察不难发现，每个脚的内侧并不相连，好像一座拱形的门或桥，称作"足弓"。在我国，男大学生的足弓为5.4厘米，女大学生则为4.06厘米。而经常负重或站立的劳动者，其足弓会相对小一些。有了足弓站立平稳，走路轻松。没有足弓称为"扁平足"，是不正常现象，需要及时矫正。

血液从心脏流向双脚较为容易，而脚部血液回流心脏则相对较难。脚部血液回到心脏过程长，如果没有足够的压力，就很难顺畅地流回心脏。

当大量血液积聚于下肢静脉时，下肢组织压力增加，必须依靠下肢骨肉泵的作用，即下肢骨骼肌张力增高和等下收缩，挤压下肢血管，协助心脏的泵血作用，迫使下肢静脉血液通过静脉瓣流向心脏，完成血液的体循环过程。也就是说，离心脏最远的脚部血液必须凭借脚部肌肉正常的收缩功能，才能使积存废弃物的静脉血经由毛细血管、小静脉、静脉流回心脏。

所以说，脚部肌肉如同人体的"第二心脏"，其收缩功能的好坏决定着末梢循环的状态。因此，人们在做过足部按摩后，感觉会跟慢跑锻炼后一样。

环起着至关重要的动力作用。心脏虽然是人体血液循环的动力保证，但由于双脚离心脏位置最远，加上重力的作用，

↓没有足弓称为"扁平足"

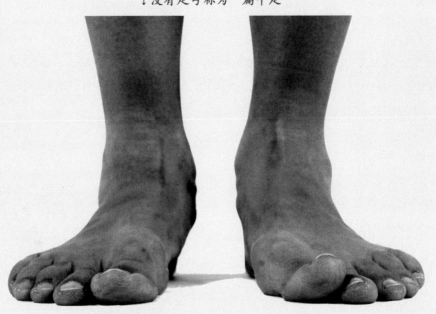

为什么运动后身上会酸痛

不常锻炼的人，进行较剧烈的运动后，局部肌肉都会疼痛，这与肌肉内部的能量代谢有关。人体各种形式的运动，主要靠肌肉的收缩来完成。肌肉收缩需要能量，这能量主要依靠肌肉组织中的糖类物质分解来提供。

为什么肌肉有时候会酸痛呢

在氧气充足的情况下，如人体处于静息状态时，肌肉中的糖类物质直接分解成二氧化碳和水，释放大量能量。但人体在剧烈活动时，骨骼肌急需大量的能量，尽管此时呼吸运动和血液循环都大大加强了，可仍然不能满足肌肉组织对氧的需求，致使肌肉处于暂时缺氧状态。结果糖类物质分解出乳酸，释放的能量也比较少。乳酸在肌肉内大量堆积，便刺激肌肉块中的神经末梢产生酸痛感觉；乳酸的积聚又使肌肉内的渗透压增大，导致肌肉组织内吸收较多的水分而产生局部肿胀。

肌肉酸痛如何预防与缓解呢

长时间不运动，肌肉会处于松弛状态，然后突然大量或剧烈运动会造成体内乳酸堆积，使得肌肉酸痛。以下方法可缓解此状况：一、长时间不运动后若想再加强运动应先充分活动身体各关节，以避免受伤；二、刚开始锻炼时应从缓，从慢跑或其他轻微运动开始，然后逐渐加量；三、做完运动后应对身体进行放松，有条件可按摩，洗热水澡或用毛巾热敷容易酸痛部位，也可以有效缓解。

↓小腿部位的肌肉痉挛有很多原因

睡觉时小腿肌肉为什么会突然抽筋呢

夜间睡眠时发生小腿抽筋的原因是多方面的，无论何种原因引起小腿抽筋，都会产生不适或疼痛的感觉，影响正常睡眠。有很多情况，比如白天腿部的运动量过大或用力过度而造成疲劳，夜间肌肉紧张的状态未得到改善，过多的代谢产物未能及时代谢掉，所以这种刺激就可以引起小腿抽筋。或者因为寒冷，导致脚和腿部受凉，引起腿部肌肉痉挛。

如出现小腿抽筋，必须引起足够的重视，消除能够产生小腿抽筋的因素，如睡觉时注意保暖并对下肢进行按摩等。如果发作比较频繁，就应该去医院求医，查明病因，及早治疗。

你知道为什么发烧的时候，肌肉也会很酸痛吗？这是因为在正常情况下，人类呼吸产生的能量，在通过呼吸链传递的过程中被储存在ATP（腺嘌呤核苷三磷酸生物体中唯一能被直接利用的能量形式）中，以备运动或者生理代谢不时之需。生病的时候，呼吸链被阻断，氧化糖类所产生的能量不能储存于ATP中，只能以热能的方式释放掉。大量热能的无谓释放造成了体温升高。另外由于ATP的缺乏，正常的生理活动显得捉襟见肘，外观表现就是疲乏无力、虚脱。

↓乳酸的积聚使人感觉到肌肉酸痛

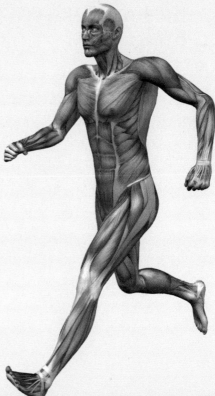

为什么说肌肉是人体的发动机呢

　　肌肉是我们人体的发动机，全身运动都靠它唱主角。一个人共有肌肉600多块，大大小小，长长短短，能伸能缩，配合默契，步调一致。它们一旦发动起来，就会忘我劳动，直到大脑发出休息的命令。

肌肉是如何指挥身体各部分运动的呢

　　肌肉全由肌细胞组成，能收缩和舒张，产生运动，如胃、肠的蠕动，心脏的跳动，肢体的各种动作。按照它们的形态功能，人体肌肉可分为三大类：第一类平滑肌，它的运动缓慢而又持久，好像一阵又一阵的波涛，但它不受人的意志的控制，比如肠子的蠕动，想叫它停也没办法。它们的肌细胞呈梭形，分布在胃、肠的管道里。平滑肌还有一个特点：比较容易拉长。因此，吃饱了饭的胃比空胃大七八倍。

　　第二类叫骨骼肌，主要附着在躯干和四肢的骨头上，受人的意志支配。骨骼肌的收缩快而有力，但耐力较差，容易疲劳，所以人们在剧烈运动后，非得歇口气，喘一喘才行。它们的舒缩能引起头颈部、躯干部和四肢的各种运动。

　　第三类是心肌，是心脏特有的肌肉组织。它有自动地有节律的收缩的特性。没有它，心脏便无法搏动。

肌肉是如何产生力量的

　　肌肉产生力量的源泉是肌纤维的收缩作用。它利用体内的营养物质合成肌蛋白，当肌蛋白分解时，释放出的能量就成为肌纤维收缩的动力。肌肉发动机的机械效率是其他动力机器望尘莫及的。科学家发现：肌肉将食物的化学能转化为机械能，效率可达80%左右，而现代化的机器，能量转换率只有30%，大部分能量都白白浪费掉了。最近，仿生学家模仿肌肉的结构，试制出各种肌肉式发动机。这些新一代的发动机，大大提高了生产力，节约了能源和材料。

肌肉家族之最

要说肌肉家族中，最特殊的就是眼轮匝肌了。它像照相机光圈一样，能张能合、能开能闭。我们眨眼睛主要就是眼轮匝肌在起作用。

心肌是人体中最勤劳的肌肉。它在一天24小时之中，带动心脏有节奏地跳动，永不停顿。

最有趣的肌肉是耳肌，它本身能发声。只要用大拇指堵住耳孔，就可以听到一阵阵轰轰声，压得越紧，声音越响。

从力量的角度看，最出类拔萃的要数小腿肌。凡是进行爬坡、登楼、骑车、跑步……都少不了小腿肌这个重要角色。

所有肌肉中，最善于表达感情的是脸部的表情肌。表情肌收缩时，改变口和眼的形状，并使面部出现各种皱纹，产生种种表情。科学家们发现，脸部复杂的表情肌肉可以组合成7000多种不同的表情。怪不得人类的表情是那样的丰富多彩。

最忍辱负重的肌肉

如果说到最忍辱负重，当之无愧地要属屁股上的臀大肌。我们知道，人的一生中，大量的时间都处在坐的状态，这就必须靠臀大肌。由于它的忍辱负重，才为身体的其他部分提供了轻松和舒适。臀大肌还有

伸大腿的作用。它的外上部在治疗疾病的时候，是进行肌肉注射的常用部位。

拓/展/阅/读

提到黑人运动员，我们会马上想起那些在田径场上奋勇拼搏，取得令全世界瞩目的体育健将们。但是，黑人称雄也是有场所限制的，在游泳池中，我们总是很难见到黑人运动员。

一位美国营养学家根据测量数据得出结论：白人平均每立方厘米的肌肉是1.05克，黑人是1.13克。黑人具有出色弹性的肌肉，骨骼也较长，肌肉的长纤维多。这可以解释黑人擅长田径的原因。黑人的肌肉有力尤其表现在脚底部屈肌的力量。测量脚内肌肉的强度，白人为50千克，黑人为150～200千克，即同样蹬踏地面，就有2～4倍的差别。这样，在田径场上，白人一般敌不过黑人。黑人的这一优势到了水中就会失去作用。过多的肌肉反而增大了阻力与下沉力，因此黑人总是跑得快而游得慢。

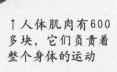

↑人体肌肉有600多块，它们负责着整个身体的运动

你知道肌肉的内部构造吗

随着人的年龄不断增长，控制骨头活动的横纹肌的弹性纤维会逐渐由结缔组织所代替。结缔组织虽然很结实，但没有弹性，因此肌肉变得较弱，不能强力收缩。所以老年时，肌肉的力量衰退，反应也迟钝了。人老了，肌肉的力量也就衰退了。

人的肌肉

如果我们像一个细胞那么小，能够随意进入人的身体，那么当我们来到肌肉群中时，就会发现肌肉是由一道道钢缆一样的肌纤维捆扎起来的。这些钢缆组合成较粗较长的缆绳群组，当肌肉用力时，它们就像弹簧一样一张一缩。在那些最粗的缆索之内，有肌纤维、神经、血管，以及结缔组织。每根肌纤维是由较小的肌原纤维组成的。每根肌原纤维，则由缠在一起的两种丝状蛋白质（肌凝蛋白和肌动蛋白）组成。这就是肌肉的最

基本单位。那些大力士们的大块大块的肌肉，全是由这两种小得根本无法想象的蛋白组合成的，当它们联合起来以后，就能做出惊天动地的动作来。人就是靠这些肌肉一点一点地改变了地球的面貌。

600条肌肉与人体的"互动"

皮肤下的肌肉是部神奇的引擎。它让我们能走路、蹦跳，甚至爬上陡峭的岩石。人体的600条肌肉之间的互相合作，协助你度过每一天。

肌肉帮助我们对抗地心引力。肌肉纤维控制每个动作，从轻轻眨眼到微笑，成千上万细微的纤维集结成肌肉束，进而形成完整的肌肉系统。以攀岩爱好者为例，每向上爬一步，都需要肌肉的松紧缩放。肌肉只能完成拉扯，而不是推挤，大部分属于骨骼肌。它们由肌腱与骨骼相连，紧密结合的肌腱纤维有橡皮筋的功用。

肌肉可以牵动眼球，使我们看清东西，使眼色、眨眼；手部与指尖的肌肉让我们能捏得住极小的物体。以

攀岩者为例，他们要上升需要握住东西以固定自己，连续不断的肌肉收缩可以使他们不断往上爬。

人体可以"掌握"的肌肉

我们可以决定什么时候以及怎样牵动骨骼肌，但我们并不能够时刻察觉这种变化。有的时候你可能会微微调整姿势以保持平衡，但也许这种姿势的改变你自己并没有发现，这种动态的平衡一直在发生着。但也有些肌肉是我们无法随意控制的，比如消化系统。那里有许多非随意肌。我们的胃部有三种非随意肌负责碾碎食物。小肠里有两种，负责像蛇一样挤压食物，然后再拉长往前推。非随意肌还帮助我们的心脏持续跳动。心肌在我们的一生中只进行着一件事，那就是输送血液。

肌肉发达就一定好吗

通过一定时间的锻炼，肌肉可以变得发达。但大块的肌肉一定好吗？答案是否定的。毛细血管负责携带红细胞流经肌肉。肌肉剧烈收缩的时候，毛细血管遭到挤压，肌肉会开始缺氧，废物开始堆积。但在压力极大的情形下，肌肉无法做出快速的反应，疲劳感于是不断袭来。

以攀岩为例，肌肉发达的强壮男性攀登者可能会以为一直向上爬就好，因此他攀爬的速度会很快。但他的前臂的肌肉很快就会缺氧，迫使他放弃。在某些体力挑战面前，女性比男性更具优势。攀岩讲求更多的是一个人的力量和重量的比率。小块肌肉更有利，只需承担自己的体重就可以了。肌肉较小的女性施力较小，对毛细血管的挤压也比较轻，所以肌肉更具有耐力。

拓展阅读

肌肉主要由肌肉组织构成。肌细胞的形状细长，呈纤维状，故肌细胞通常称为肌纤维。中医理论中，肌肉指身体肌肉组织和皮下脂肪组织的总称。脾主肌肉，肌肉的营养从脾的运化而得。那么，如何拥有更健美的肌肉呢？应该保证以下几点：每日的热量摄入至少应有20%来自脂肪，选择健康的脂肪来源，如植物油和鱼油，如果食物无法满足，可摄入亚麻子油补充；每天每磅体重至少摄入1克蛋白质，选择优质蛋白质食品，如鱼、鸡肉、鸡蛋清、瘦牛肉、脱脂奶等，选择复合碳水化合物食品，如土豆、米饭和面食，少吃简单碳水化合物食品。

为什么人的大拇指只有两个指节呢

人的手有五个手指，除了大拇指外，食指、中指、无名指、小指都有三个指节。唯独大拇指有两个指节。你别小看大拇指，它虽然短小，却独占整个手功能的一半。如果没有了大拇指，整个手就变得极不灵活。

为什么大拇指只有两节

其实，大拇指的这种结构是人长期进化的必然结果。人的祖先是猿，猿开始直立行走后，上肢逐渐从爬行的功能中解放出来，下肢则专门用于负重行走。这种分工导致了手指功能的变化。大拇指逐渐变长且更加粗壮有力，还有一群发达的大鱼际肌肉，使人类的大拇指能与其他四指对掌活动。为了适应大拇指的对掌活动，使大拇指能够进行伸屈、收展及旋转等活动，最佳的结构就是两个指节。如果拇指仍保持三节长，活动就不能兼备灵活与稳健两个优点。所以，大拇

指的结构是自然选择的结果。

脚趾也能和手指一样长吗

人脚走路的时候为了掌握平衡，因此脚拇指会进化得与其他四指差不多长短。手的五指也是因为怎么方便怎么进化的原理，大拇指变得比较短，而且

拓展阅读

有幼教研究者认为，想要让孩子头脑更聪明，就必须经常锻炼手指的活动能力，由手指的活动而刺激脑髓中的手指运动中枢，就能促使全部智能的提高。

现代医学研究也证实了人体内的各个器官、每一块肌肉，都在大脑皮层中有着相应的"代表区"，而手指的运动中枢在大脑皮层中又占据了较为广泛的区域，这些区域的神经中枢都是由神经细胞群组成。当一个人的双手从事精细、灵巧的动作时，能够激发这些细胞群的活力，使动作和思维的活动能保持有机的联系后相互对应。

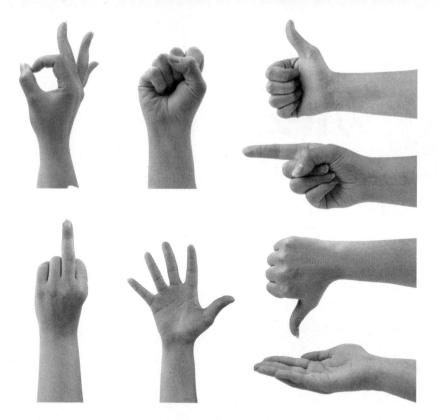

↑经常锻炼手对大脑有好处

可以很灵活地变化不同方向。其实不但人，猴子、猩猩等好多动物都是前肢长而且灵活。因为前肢距离嘴巴近，便于采集食物并送到嘴里，手指越长越灵活的就越容易寻找和采集到食物，生存下来的机会就比较大。而脚在后面，直立行走时它在下面，只起支撑身体的作用，相反，脚趾若太长还会影响运动。长期这样进化，就形成了手指比脚趾长的结果。

为什么手中指比食指长

器官的外形和功能都是进化的结果，不同长短的手指和它们的位置也是进化的结果。比较常用的手指就会比较长，如中指、食指、无名指；或者比较壮，如大拇指；而不常用的手指就会变得比较短、比较细，如小拇指。大拇指的位置可以很好地和其他手指形成对握等功能，从而和其他手指形成很好的配合。

为什么
人体早晚的身高不一

有人问，你的身高是多少？你说150厘米。这样的回答既正确又不正确，不信你亲自量一量，刚起床时一定要高于150厘米，而晚上临睡前一量，一定又矮于150厘米。有时还会令你大吃一惊，早、晚的身高竟能差出4～6厘米！这是怎么回事呢？

为什么人体早晚身高不一

原来，人体就像一架机器，而骨头就是这架机器的支架。机器的支架是用钢铁铸成的，可人的支架却是骨头。人的骨头一节节地连着，支撑着，又能随意转动。因此，在节与节之间，就有一种软东西把两节骨头连起来，称为"软骨"。

我们睡觉时是平躺着的，这时骨头之间不是层层相压，关节间就松弛了。于是骨骼间的软骨层就会吸收较多的体液，就会变厚。虽然一层软骨变厚得不多，但是从足关节到颈关节，有很多地方变厚，加起来就是个不小的数字。这样，当你刚起床时一量身高，保证你就"长"高了不少。

可是白天我们要学习、走路，不是坐着就是站着，骨骼之间在地心引力的作用下互相挤压，又会把软骨层的体液挤压出去，这样经过一天的时间，身高就会变矮。如果这一天是走远路，或者是干重活、抬重物，那么到晚上时，你的身高就会更矮，有时甚至会差出4～6厘米。

高个子真的就很好吗

人类的平均身高以1.67～1.70米为最理想，所以一味追求身高的做法是不足取的。有据可考的我国巨人的最高纪录为246厘米，美国最高的人达272厘米，苏联最高的人竟达300厘米。

其实，如果身材矮小，倒也无妨，不必有低人一等的顾虑和想法。春秋战国时的晏子，在当时来看，个子并不算高，却是一位杰出的外交家。历史上著名的侏儒是19世纪的

人类的秘密

↓骨骼间的软骨层吸收的体液决定早晚身高的不同

斯众多年轻人平均身高已超过1.93米的情况来说，就不适合了，人们不得不考虑改变车辆的高度、床位的尺寸，甚至得重新改进门窗的规格，这无疑会加大社会的负担与压力。大个子还会加重心脏负担，因为心脏要花费较大力气才能把血液有效地供给人的大脑，这正如高层建筑供水需要更多的电力一样。

如何能够长得高一些呢

大自然为人类提供的多种食物，是各种维生素与矿物质的丰富宝藏。但是，有些人，特别是生长发育处于旺盛期的青少年，虽然吃饱了肚皮，可仍然会发生维生素及矿物质供不应求，长期处于"营养饥饿"的状况，以致发育缓慢，身体素质低下。可见，我们日常生活中丰富多样的蔬菜品种对于我们的生长发育是多么的重要。所以，在饭桌上我们一定不能挑食。此外还有哪些原因呢？

化学家研究了各种维生素的结构，在实验室人工制造各种维生素，然后投入生产。如今，工厂里已能生产出大量廉价的维生素B_1、维生素B_2、维生素B_6及维生素C等等，以及将这些人工制造的维生素添加到牛奶、奶粉、大米、橘子汁中加以"强化"。食用这种强化食品，可以确保少年儿童对多种维生素的需要，大大促进生长发育。这也就是可以由矮变高的原因。

"汤姆·布斯将军"，他和他的妻子都是小矮人，并曾受雇于马戏团，一度名扬世界，受到法国国王和英国女王的召见款待。他们结婚时，美国总统还特地赠送了礼物。哥伦比亚有位叫露丝阿曼达的姑娘，17岁时患心脏病去世，她身高仅51厘米，曾被收入《吉尼斯世界纪录大全》一书，可以算得上是世界最矮的人了。

在俄罗斯，由于人们平均身材较高，公共汽车的车厢高度一般为1.9米，旅馆的床位一般也为1.9～2米，而列车上的铺位仅为1.75米。这对于俄罗

为什么
骨头不会轻易断掉呢

课堂上，老师拿着一把镊子，将一瓶盐酸倒在了碗中，取出一块鱼骨，扔了进去。然后，夹起另一块放在火上烤了起来。不一会儿，这块鱼骨便烧成了灰白色，放到桌上轻轻地敲，声音听上去又脆又硬。又等了一会儿，老师又将另一块泡在碗里的骨头用镊子夹了出来，拿给同学们看。这时候，大家发现这块鱼骨可以随意弯曲，甚至还可以像绳子一样打结。

为什么骨头可硬可软呢

上面的实验是怎么回事呢？原来，鱼骨和人的骨头一样，都由脆硬的无机物（如钙盐）和柔韧的有机物（如蛋白质）组成，当骨头放到火上烧烤，蛋白质化去，剩下的就是脆硬的无机物了，骨头自然是又脆又硬的；把骨头投入稀盐酸中，钙盐与盐酸发生反应，剩下了柔韧的有机物，骨头当然就变得十分柔软有韧性了。

不同时期的骨头

成年人的骨头含有的有机物约为1/3，无机物约为2/3，这样的骨头既坚硬，又有弹性；儿童、少年时期的骨头内，有机物含量超过1/3，因而骨柔韧，硬度小，弹性大，不易骨折。

骨骼可"分解"出钙质

骨骼可以帮助我们调节体内钙的水平。骨骼含有磷和钙，而肌肉和神

拓展阅读

幼儿和青少年正处于生长发育阶段，骨骼就是随着年龄增长而逐渐生长钙化的。当青少年和幼儿由于一些特殊习惯，骨骼受某种方向的肌肉拉力，长期持续作用就会使骨骼变形。例如双腿长期持续夹持物品，像骑马等活动，就会形成罗圈腿。要预防罗圈腿，从幼儿时就应注意预防佝偻病和改变不良生活习惯。

经都需要钙。如果体内缺钙，某些激素就会使骨骼"分解"出一些钙，以提高体内钙质水平，直到达标为止。

为什么人的骨骼会发出声音

有些人在做膝关节屈伸、肩关节外甩或握拳等动作时，部分关节会发出"咯叭、咯叭"的响声。一般说来，运动时关节发响存在两种可能，一种是由于关节本身或周围组织有病变而发出声响，绝大多数伴有疼痛感觉，需要就医治疗。另一种是关节正常活动而发出声响，没有疼痛的感觉。当我们活动关节，比如手腕和膝盖的时候，关节囊会扩张同时产生气泡，关节腔内负压增加，关节液急剧地振动，随即便发出声响。关节囊就像一个气垫一样存在于关节的两块骨骼之间，同时还起到润滑作用。正常活动中出现的响声对关节囊并无损害，也没有任何好处。

越长大骨骼越少吗

骨架指在人体内部形成人体形状的骨骼架构。一般来说，成年人的骨架由206块骨头组成，新生儿则要更多一些，有300多块骨头。但是随着身体的发育，婴儿的骨头变得更长、更结实，它们中的一些渐渐融合在一起，这就是为什么我们长大后骨头数量会减少的原因。骨架中的骨头有着不同的形状和大小，它们有着各自不同的功能：举例来说，最长、最强壮的骨头长在腿部，因为在行走或奔跑的时候，它们几乎要承受人体全部的重量。一个人全部骨架的重量大约占总体重的四分之一。在正常生理状态下，身体的各部分互相协调、配合成一体，共同担负着维持人体生命活动的重任。

什么是罗圈腿

罗圈腿是人们对双腿呈"O"型或近似"O"型的一种戏称。罗圈腿是一种不正常的骨骼发育畸形造成的。形成罗圈腿一般有两种原因：一是幼儿时患佝偻病；二是骨骼生长发育阶段受特殊的生活习惯影响。佝偻病一般是由维生素D缺乏所引起的。维生素D缺乏时，钙、磷在肠内吸收减少，钙、磷减少，一方面机体在甲状旁腺调节下使已长成的旧骨脱钙（旧骨硬度降低），以弥补血中钙、磷不足；另一方面新骨由于缺钙而使骨质钙化不足而质地松软，肌肉关节松弛，直立行走时在重力作用下就会变形。一般1岁以上儿童两足跟并拢，两膝关节距离在3厘米以下为轻度罗圈腿，3厘米以上为重度罗圈腿。

你知道什么是"骨龄"吗

青少年的骨骼能否生长，身材能否更挺拔，取决于骨骼生长潜力。怎么才能知道骨骼是否有生长潜力呢？秘密就是只需拍一张骨龄片。骨骼年龄，简称骨龄，能较精确地反映一个人从出生到完全成熟的过程中各年龄段的发育水平及身高增长潜力。一般以手腕部较理想，因为这里可集中地反映全身骨骼生长和成熟状况。

什么是骨龄

骨骼年龄，简称骨龄，也就是骨骼的生长周期，许多人的生理年龄与骨骼年龄都存在着不同差异。但骨骼年龄是无法用肉眼所能辨别的，只能用骨龄仪摄片来判断骨龄。一般手腕部最理想，这里集中了大量的长骨、短骨和圆骨，集中地反映了全身骨骼生长和成熟状况，且方法简便，结论准确。

骨龄和年龄一样吗

骨龄和年龄不是一回事。骨龄是孩子骨骼发育的指标。例如腕骨骨化中心出现的年龄大致如下：1岁头状骨，2岁钩状骨，3岁三角骨，4岁月状骨，5岁舟状骨，6岁大多角骨，7岁小多角骨，8～14岁豌豆骨显影。如果年龄大于骨龄，说明孩子的发育迟缓；如果年龄小于骨龄，说明孩子的生长潜力较小，但这种情况少见。

利用骨龄我们可以发现什么

利用骨龄还可以推断骨骼发育情况，了解青少年骨骼生长潜力。假设两个11岁的女孩，身高都是148厘米，其他条件基本相同，一个女孩骨龄只有10岁，说明她离骨骺愈合还有相当长的时间；另一个女孩骨龄13岁，已接近女孩发育的平均骨龄水平，相当于比正常发育的孩子少长两年，还会提前停长。这二者相比，后者的生长期潜力较前者就相应地要少长三年。骨骼最终定型时，前者明显具有优势。

看骨龄就能知道你能长多高

由于骨骼的线性生长，长骨两端软骨不断生长，骺软骨不断地分泌成骨细胞并逐步骨化，骨就不断增长，人就随之长高。成年以后，骺软骨全部骨化，骨干与骨骺连成一体，称为骨骺线闭合，骨骼就不再增长，人的长高也就停止。因此人的长高更多的是与骨成熟度即骨龄相关，而不是取决于实际年龄。儿童长高的潜力在医学上可通过骨骼的成熟程度来预测生长潜力。

人一生的3个生长发育期

人的一生有3个生长发育期；一周岁内；学龄前期（4～6岁）；青春期（13～18岁左右），这3个时期都是人体发育的猛增时期，所以，这些时期的营养问题非常重要。骨骼是人体的支架，身材高矮与骨骼直接相关，钙质是构成骨骼的主要无机盐，在海带、芝麻、虾、蛋黄和许多绿叶蔬菜中含量较高。蛋白质是人体组织细胞的重要组成部分，如其供应障碍，人体就会发生疾病，甚至死亡，何谈长个儿呢？但在自然界里没有任何动物和植物的蛋白质完全符合人体的需要，因此，只有将多种食物蛋白质混合食用才能发挥其互补作用。我国人民膳食习惯以谷物为主，如玉米、稻米、小麦和干豆类，其他如黑大豆、黄豆、青豆、蚕豆、绿豆等，含有丰富的蛋白质，动物蛋白以瘦肉、禽、蛋、鱼类等含量丰富。

↓通过骨龄可以判断一个人的健康等情况

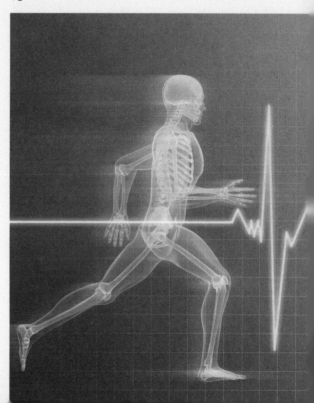

关于骨髓你了解多少呢

骨髓位于较大骨骼的腔中，占人体体重的4%～6%，含有造血干细胞以及多种其他的干细胞，它们可以分化产生不同的组织。骨髓是重要的造血及免疫器官。

红骨髓和黄骨髓

人体大部分骨头的中央部分有空腔，也叫骨腔，骨腔内所含的物质叫骨髓。骨髓分红骨髓和黄骨髓，红骨髓中的造血干细胞具有造血功能，人体血液中的红细胞、血小板、淋巴细胞、粒细胞等，都是由它经过多次分化发育而成的。

胎儿与婴幼儿的骨髓都是红骨髓，大约在5岁时，骨髓腔中出现脂肪组织，即黄骨髓。红骨髓造血功能活跃，而黄骨髓只保留着造血的潜力。黄骨髓随年龄增长而逐渐增多，成人时期，红黄骨髓约各占一半；在需要的时候，红骨髓的比例会大幅提高。

骨髓的重要性

人体内的血液成分处于一种不断地新陈代谢中，老的细胞被清除，生成新的细胞。骨髓的重要功能就是生成各种细胞的干细胞，这些干细胞通

↓骨髓是重要的造血及免疫器官

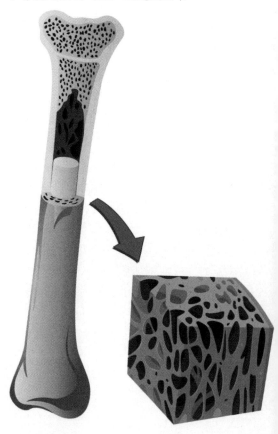

人类的秘密

过分化再生成各种血细胞如红细胞、白细胞、血小板、淋巴细胞等，简单地说骨髓的作用就是造血功能。因此，骨髓对于维持机体的生命和免疫力来说非常重要。

什么是"骨髓移植"

它是器官移植的一种，即将正常骨髓由静脉输入患者体内，以取代病变骨髓的治疗方法，用以治疗造血功能异常、免疫功能缺陷、血液系统恶性肿瘤及其他一些恶性肿瘤。用此疗法均可提高疗效，改善预后，得到较长生存期乃至根治病症。

知/识/链/接

中国造血干细胞捐献者资料库简称"中华骨髓库"，其前身是1992年经卫生部批准建立的"中国非血缘关系骨髓移植供者资料检索库"。2000年11月，经卫生部同意改为现名。它是代表中国的唯一国家级开展造血干细胞捐献和用于移植治疗的工作体系，总部设在中国红十字会总会，统一管理和规范全国造血干细胞的捐献工作，包括志愿捐献者的组织、征集、登记、HLA分型，开展为患者搜寻相合的造血干细胞捐献者及移植治疗服务等。捐献者和患者的各项资料通过计算机长期保存和管理。

拓展阅读

人体骨髓量与体重等因素相关，成年人骨髓量一般为3千克左右。人体的造血干细胞是能自我更新、有较强分化发育和再生能力、可以产生各种类型血细胞的一类细胞，来源于红骨髓，可以经血流迁移到外周血液循环中。人体内的造血干细胞具有很强的再生能力。正常情况下，人体各种细胞每天都在不断新陈代谢，进行着生成、衰老、死亡的循环往复，失血或捐献造血干细胞后，可刺激骨髓加速造血，1～2周内，血液中的各种血细胞恢复到原来水平。

↓干细胞萃取过程

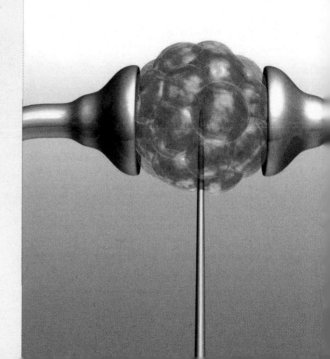

【神奇的世界】

◎ 策划制作　　腾书堂文化

◎ 组稿编辑　　张　树

◎ 责任编辑　　王　珺

◎ 封面设计　　刘　俊

◎ 图片提供　　全景视觉

　　　　　　　上海微图

　　　　　　　图为媒